KB123041

무섭지만
재밌어서 밤새 읽는
천문학 이야기

무섭지만

재밌어서 밤새 읽는

천문학 이야기

아가타 히데히코 지음 | 박재영 옮김 | 이광식 감수

더숲

머나먼 옛날, 그전까지 나무 위에서 생활하던 원숭이 무리가 무슨 이유에서인지 아프리카 대지 위를 걷기 시작했다. 약 700만 년 전에 일어난 일이다. 그들은 이족보행을 한 후 놀라운 신체 능력을 얻게 되었다. 바로 뇌의 발달이다. 직립하는 튼튼한 척추가 지탱하고 대뇌가 발달하는 동시에 이족보행이 가능한 수많은 유인원 종류가 잇따라 탄생하고 멸종했다. 결국 호모사피엔스, 즉 인류가 살아남았다. 이는 약 20만 년 전 일이다. 언제부터 사리를 분별했는지는 확실하지 않지만 인류는 탄생하면서부터 하늘에 관심을 둔 것으로 보인다. 연이어 발견되는 원시인의 동굴벽화를 봐도 분명하다. 벽화에는 집단으로 사냥하는 모습이나 동물들 외에도 태양과 달, 별들의 모습이 그려져 있다.

　왜 인류는 하늘, 즉 우주에 흥미를 느꼈을까? 다양한 원인이 있는데 그중 하나가 '무서움'이다. 공포나 두려움이 하늘로 향한

것에는 이유가 있는 듯하다. 예를 들면 갑자기 빛을 내며 떨어지는 대유성(화구), 긴 꼬리를 끄는 혜성, 엄청나게 밝은 초신성의 출현, 한낮에 예기치 않게 밤이 찾아왔다 사라지는 개기일식 등 자연에서 일어나는 여러 이변 현상을 예감하게 하는 사건이 원시인, 고대인의 공포심을 자극했을 수도 있다. 매우 드문 일이긴 해도 운석 낙하를 경험한 원시인도 있었을 것이다. 6,600만 년 전 공룡 멸종을 포함한 대멸종을 경험한 지구상의 생명에게 하늘에서 떨어지는 존재에 대한 공포심, 방어 본능은 유전자(DNA)에 숨어 있던 본능일지 모른다.

99퍼센트 이상 있을 수 없는 현실이라고 해도 SF 작가 아서 C. 클라크(Arthur C. Clarke)와 스탠리 큐브릭(Stanley Kubrick) 감독의 불후의 SF 명작 〈2001 스페이스 오디세이〉에 등장하듯이 우주에서 떨어진 모노리스(외계에서 온 것으로 추정되는 단일한 암석으로 이루어진 거대한 돌기둥*)를 공포로 느꼈을 수 있다. 또는 인류가 이 지구에서 활동한 약 20만 년 동안 슈퍼플레어(42쪽)나 감마선 폭발(116쪽)을 경험했을 가능성도 전혀 없지는 않다. 좀 더 덧붙이자면 지구 대기에서의 현상, 이를테면 오로라나 뇌우, 허리케인과 태풍의 습격, 극심한 가뭄도 하늘에서 일어난 예기치 못한 사건이었기에 원시인은 당연히 매우 큰 공포를 느꼈을 것이다.

이처럼 옛날부터 하늘과 우주는 인류에게 때로는 무서워서 잠 못 들게 하는 존재였다. 이 공포심은 자연을 받들어 모시는 심리 현상과 그 연장선상에 있는 신의 존재로 발전했다. 지금도 전 세계 수많은 사람들이 각자의 종교를 믿으며 자신의 신을 숭배한다. 인간은 죽으면 하늘의 부름을 받아 천국이나 극락에서 지내게 된다는 사후 세계에 관한 상상력은 결코 진부한 생각이 아니다. 우주에는 왠지 그렇게 느끼게 하는 매력이 있다. 유물론이나 현대과학의 입장에서 사후 세계를 부정하기는 쉽겠지만, 모든 현대인에게 종교와 사후 세계가 존재하지 않는다고 설득할 수는 없다. 개개인의 마음 세계는 자유로우며 절대로 침범당하지 않는 영역이기 때문이다.

이 책에서는 과학적인 입장에서 가장 오래된 학문인 천문학의 성과를 마음껏 누리게 하고 싶다. 천문학은 공포로 장식된 스릴 넘치는 세계다. 부디 그 스릴을 즐기기 바란다.

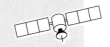

Part 3 밝지만은 않은 우주의 미래 - 우주론의 무시무시한 세계

Part 1

우리 주변의
우주가 주는 공포

- 위험한 태양계

운석은 매일 밤
쏟아지고 있다

🪐 화구 소동과 운석의 공포

　별똥별을 본 적이 있는가? 해마다 8월 중순과 12월 중순이 되면 페르세우스자리 유성군과 쌍둥이자리 유성군이 각각 미디어나 인터넷에서 화제에 오른다. 1998~2001년 무렵에 자주 나타난 11월의 사자자리 유성군을 떠올리는 사람도 많을 것이다. 이러한 유성군은 현재 국제천문연맹(IAU)이 인정한 것만 해도 112가지나 된다.

　혜성에서 방출된 먼지는 주로 궤도 부근의 우주 공간에 흩어져 있는데 유성군은 지구가 이곳을 통과할 때 발생한다. 그러나

★ 페르세우스자리 유성군 ★

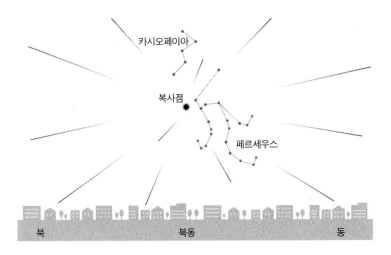

★ 쌍둥이자리 유성군 ★

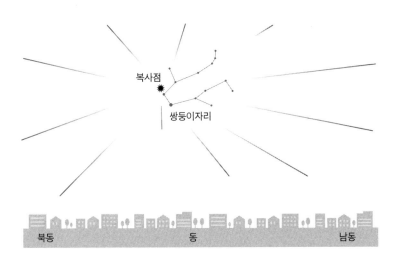

별똥별은 이때만 보이는 것이 아니다. 달빛이나 야간 조명이 전혀 없는 이상적인 맑은 날 밤에 하늘을 바라본다면 어떤 밤이든 한 시간에 10개가 넘는 별똥별을 목격할 것이다. 대기권 밖에서 지구로 작은 먼지나 그보다 큰 고체가 날아오면 상공 80~120킬로미터 부근의 지구 대기와 충돌하며 가열되어 불탐으로써 주변의 대기가 빛나게 된다. 이것이 '유성(별똥별)'이다. 낮에는 하늘이 너무 밝아서 모를 뿐이지 온종일 대기권 밖에서는 우주 공간을 떠도는 먼지가 지구의 인력에 끌려오거나 지구의 궤도 위에서 부딪쳐 빛을 낸다. 그 총량은 하루에 40톤으로 추측된다.

보통 우주는 진공 상태로 아무것도 없는 곳이라는 이미지가 있다. 완전히 잘못된 이미지는 아니지만 우주 공간은 완벽한 진공, 무의 세계가 아니라 희미하게나마 먼지나 주로 수소 가스가 존재한다. 특히 태양계 안쪽은 태양계 바깥쪽 우주에 비해 수많은 먼지와 가스가 존재한다. 46억 년 전에 거대한 성운(가스구름)이 수축해서 지금의 태양계를 형성했기 때문이다.

내가 근무하는 일본 국립천문대 고객센터로 매달 '엄청 밝은 별똥별을 봤습니다. 운석 낙하가 아닌가요?'라는 문의전화가 걸려온다. 금성보다 밝게 빛나는 유난히 밝은 별똥별을 '화구(불덩어리, fireball)'라고 부른다. 화구도 거의 매일 밤 나타나는데 대부분은 조금 큼직한 우주 암석이며 대기 중에서 다 타 버린다. 표준적인 1등성 정도의 밝기를 지닌 유성은 0.2초 정도 빛나다 사라진다. 그 크기는 원두 한 알 정도다. 한편 몇 초나 빛나는 금성의 밝기보다 더 밝은 화구의 경우 그 크기가 몇 센티미터 이상일 수도 있다. 유성의 밝기는 크기나 질량뿐만 아니라 진입하는 각도와 진입 속도, 조성이나 밀도 등에도 영향을 받기 때문에 밝기나 지속 시간만으로 크기를 정확하게 추정하기는 어렵다. 하지만 대기 중에서 다 타지 않고 지상에까지 떨어지는 무서운 화구는 지상에 도달한 시점부터 '운석'으로 불리게 된다.

그럼 매일 밤 나타나는 화구 중 운석이 되는 비율은 얼마나 될까? 일본에서 볼 수 있는 화구에 한해서 말한다면 매달 한 번 있을까 말까 한 정도의 빈도다. 즉 연간 두서너 번 정도가 평균이다. 말하자면 지구가 태양의 주위를 공전하는 우주 공간에서 작은 우주 암석일수록 수가 많고, 크기가 커질수록 그 개수는 급격히 줄어든다.

진입 경로 등에도 영향을 받는데 대략 골프공에서 야구공 정도의 크기면 운석이 될 가능성이 있다. 단 그 운석을 전부 회수할 수 있는 것은 아니다. 일본 상공에서 본 대부분의 거대한 화구는 그 경로를 더듬어 가면 동해나 태평양 등 주변 바다에 떨어지는 경우가 허다하다. 일본열도의 어느 지상에 떨어졌다고 해도 이를 찾아내기란 쉽지 않다.

지구의 대기권 밖에는 인류가 쏘아 올린 인공위성 중 안정된 궤도에 제어되지 않은 것이나 로켓 파편 등의 우주 쓰레기도 많이 있다. 잘 알려졌듯이 우주비행사가 국제우주정거장(ISS)을 이용하거나 예전의 우주왕복선 등 유인 우주선으로 지구에 귀환할 때 진입 각도가 너무 작으면 대기와의 마찰로 귀환선이 전부 타 버린다. 반면에 진입 각도가 너무 크면 대기에서 튕겨 나가서 영원히 지구에 돌아올 수 없다.

이처럼 화구가 되는 태양계 물질도 지구로의 진입 경로에 따라 그 운명이 달라지기 때문에 똑같은 크기라도 지상에 도달해 운석이 될지, 아니면 대기 중에서 다 타 버려 사라지고 말지는 운에 달렸다.

우주에서 떨어진 물질에 주의

그렇다고 해도 영화 〈2001 스페이스 오디세이〉에 나오는 모노리스와 마찬가지로 하늘에서 뭔가가 떨어지는 것은 분명히 공포 그 자체다. 도대체 떨어지는 운석에 맞아 재수 없게 죽은 인류는 몇 명이나 될까? 몇 년에 한 번 아프리카나 남미 등에서 운석 때문에 사람이 사망했다는 뉴스가 날아들 때가 있다. 그러나 뉴스 출처의 신빙성을 확인하면 다 사실인지 알 수 없으며 현재까지 긴 인류의 역사를 통틀어 정말로 운석에 맞아 사망했다는 사람은 없다.

다만 운석이 지붕을 뚫고 들어왔다거나 자동차 보닛을 찌그러뜨렸다는 사례는 꽤 많다. 예를 들면 일본에서도 2018년 9월 26일 밤 아이치현 고마키시의 민가에 운석이 떨어져서 지붕이 크게 움푹 파였고 이웃집 주차장 지붕에는 구멍이 뚫렸다. 고마키 운석으로 불리는 이 운석은 10센티미터 정도 크기에 550그램 정도다. 민가나 그 주변에 운석이 떨어지는 일은 흔하지 않지만 이런 경우는 대체로 운 좋게 운석이 발견되어 회수된다. 고마키 운석은 2003년에 히로시마시 아사미나미구에서 회수된 히로시마 운석 이후 15년 만에 떨어진 운석으로, 일본에서 확인된 52번째 사례다.

전 세계에서 운석이 가장 많이 발견되는 장소는 어디일까? 바로 남극 대륙이다. 남극 대륙은 온통 하얀 빙설로 뒤덮여 있기 때문에 그 위에 돌이 발견된다면 운석일 가능성이 높다. 그래서 일본에서도 운석을 가장 많이 소유한 곳은 일본 국립과학박물관도 국립천문대도 아닌 남극기지를 운용하는 극지연구소(도쿄도 다치카와시)다. 한편 남극 대륙과 마찬가지로 초목이나 돌멩이가 없고 자잘한 모래로 뒤덮인 사막지대에서도 운석을 찾아서 주울 확률이 높다.

운석은 석질운석·석철운석·철운석(운철)으로 크게 나눌 수 있

연도	명칭	낙하, 발견 장소	낙하, 발견	총중량(kg)	종류
1986년	고쿠분지(国分寺) 운석	가가와현 다카마쓰시 및 사카이데시	낙하	약 11.51	석질운석 (콘드라이트)
1991년	다하라(田原) 운석	아이치현 다하라시	낙하	10 이상	석질운석 (콘드라이트)
1992년	미호노세키(美保関) 운석	시마네현 마쓰에시	낙하	6.385	석질운석 (콘드라이트)
1995년	네아가리(根上) 운석	이시카와현 노미시	낙하	약 0.42	석질운석 (콘드라이트)
1996년	쓰쿠바 운석	이바라키현 쓰쿠바시, 우시쿠시, 쓰치우라시	낙하	약 0.8	석질운석 (콘드라이트)
1997년	도와다(十和田) 운석	아오모리현 도와다시	발견	0.054	석질운석 (콘드라이트)
1999년	고베(神戸) 운석	효고현 고베시 기타(北)구	낙하	0.135	석질운석 (콘드라이트)
2003년	히로시마 운석	히로시마현 히로시마시 아사미나미구	낙하	0.414	석질운석 (콘드라이트)
2012년	나가라(長良) 운석	기후현 기후시 나가라	발견	6.5	철운석
2018년	고마키 운석	아이치현 고마키시	낙하	약 0.65	석질운석 (콘드라이트)

※ 2019년 2월 27일 현재

다. 지구로 떨어지는 빈도는 석질운석이 95퍼센트, 석철운석이 1퍼센트, 철운석이 4퍼센트 정도다.

　우주에서 지구로 떨어진 운석은 대부분이 소행성의 파편으로 알려졌는데 그중에는 달이나 화성을 기원으로 하는 운석도 있다. 이 운석들에는 태양계 탄생 초기의 정보와 이후 역사가 새겨

져 있으므로 태양계의 탄생 과정을 밝히는 데 중요한 연구 대상
이다.

또한 매우 중요한 광물을 포함하는 경우도 있어서 아프리카
사막에는 운석 사냥꾼과 그들이 운석을 사고파는 거래도 흔하다.
즉 운석에 맞아 죽을 위험은 낮아도 운석을 두고 다투다가 살해
당하는 일은 실제로 일어날 수 있는 현실이다.

소행성·혜성의
충돌이 가져올
대멸종의 공포

☆ 지구에 소천체가 충돌하면?

　　태양계 안에서는 큰 천체일수록 수가 적기 때문에 지상
에 떨어지는 운석의 수와 빈도도 줄어든다. 그러나 절대로 안심
할 수 없다. 커다란 물질일수록 파괴력이 무시무시해서 더욱 무
서운 일이 일어나기 때문이다. 현재 알려진 최대 운석은 나미비
아에서 발견된 호바 운석으로 무게는 약 60톤이다. 이 운석은
1920년에 밭을 갈던 한 농부가 발견한 철운석이며 약 8만 년 전
에 지구에 충돌한 것으로 추정된다.

　　한편 거대 운석이 충돌하면 그 충격으로 지면에 운석 구덩이,

즉 크레이터가 생긴다. 예를 들면 미국 애리조나주에 있는 배린저 운석 구덩이는 지름 1.2킬로미터, 깊이 200미터나 되는 거대한 구덩이로 약 5만 년 전에 30만 톤이나 되는 소천체가 무서운 속도로 지구와 충돌하여 그 충격으로 이 크레이터가 만들어졌다고 추측한다. 운석 구덩이의 가장자리에 서서 그 충격을 가늠해 보면서 지금 인류가 생활하는 도시에 운 나쁘게 이런 소천체가

★ 세계의 거대 운석 베스트 10 ★

발견 연도	명칭	발견 장소	총중량(t)	종류
① 1920년	호바 운석	나미비아	66	철운석
② 1969년	엘차코 운석	아르헨티나	37	철운석
③ 1894년	어니투 운석	그린란드	30.9	철운석
④ 2016년	간세도 운석	아르헨티나	30.8	철운석
⑤ 1898년	신장 운석	신장위구르 자치구	약 28	철운석
⑥ 1863년	바쿠비리토(Bacubirito) 운석	멕시코	22	철운석
⑦ 1963년	아그팔리릭(Agpalilik) 운석	그린란드	20	철운석
⑧ 1930년	음보시(Mbosi) 운석	탄자니아	약 16	철운석
⑨ 1902년	윌래밋(Willamette) 운석	미국	15.5	철운석
⑩ 1894년	추파데로스(Chupaderos) 운석 2개	멕시코	14.1과 6	철운석

충돌하면 얼마나 큰 피해가 생길까 상상해 본다면 누구나 강력한 공포를 느낄 것이다.

나와 같은 일본 나가노현 출신인 유명 애니메이터가 있다. 신카이 마코토(新海誠) 감독이다. 2016년에 공개된 애니메이션 영화 〈너의 이름은〉은 일본 흥행만으로도 250억 엔(한화 약 2,640억 원*) 이상의 수익을 올리는 대히트를 쳤고 40여 개국에서 상영되는 등 세계적인 찬사를 받았다.

〈너의 이름은〉은 젊은 남녀의 몸이 뒤바뀐 것과 어긋난 시간축을 주제로 한 로맨스 애니메이션으로, 여기에 등장하는 장소를 방문하는 '성지순례'를 단번에 유행시킨 기념비적인 작품이다. 그런데 나는 이 애니메이션을 지구와 천체의 충돌 때문에 발생할 수 있는 생존 위기를 알리기 위한 작품이라고 평가한다. 애니메이션에 등장하는 티아마트 혜성은 가공의 혜성이지만 그 공포를 깊고 예리하게 그려 내면서 천체 충돌을 피해야 함을 설명한다. 그렇다면 정말 비슷한 사건이 현실에서도 일어날 수 있을까?

2013년 2월 15일 아침, 러시아의 우랄 지방 첼랴빈스크주에 운석이 떨어졌다. 다행히 사망한 사람은 없었지만 대기 중에서 폭발하면서 폭풍이 일어나 약 1,500명이 다쳤다. 이 지역에서는 소형 소행성이 대기권에 진입할 때 생긴 충격파로 수많은 건물의 유리창이 깨지는 등 피해가 발생했다. 이때의 낙하 속도는 초속 15킬로미터 정도로 계산됐는데 그 운동에너지로 지상에 도착하기 전에 소행성이 대폭발을 일으켜 산산조각 났다. 그 작은 파편이 지상에 떨어져 무수히 많은 운석이 되었다. 지구 대기에 날아들기 전의 크기는 지름 20미터 정도, 무게는 10톤 정도였다고 추측된다.

태양계에는 이미 100만 개에 가까운 소행성의 존재가 확인되었다. 또한 얼음 성분이 많은 소천체인 혜성도 수두룩하다. 가장 큰 소행성은 왜행성으로 분류되는 세레스로 지름이 939킬로미터나 된다. 작은 것으로는 일본의 소행성 탐사선 하야부사 2호가 방문한 소행성 류구로, 지름 1,004미터 크기다. 하야부사 1호가 방문한 소행성 이토카와는 그보다 작아 긴 부분의 지름이 535미터였다. 작은 것일수록 많은데 화성과 목성 사이의 소행성대에 있는 소행성은 지구에서 관측하려면 지름이 수 킬로미터 이상은 되어야 찾을 수 있다.

소행성 대부분은 소행성대에 있지만 그중에는 변덕스러울 정도로 특이한 궤도를 그리는 것도 있다고 한다. 지구의 궤도를 교차하는 아폴로족 소행성이나 아텐족 소행성과 같은 지구 근처 소행성이 유명하며, 이토카와나 류구도 그런 무리에 속하는데 크기는 작지만 지구에 접근해서 운 좋게 발견된 경우다. 단 이 소행

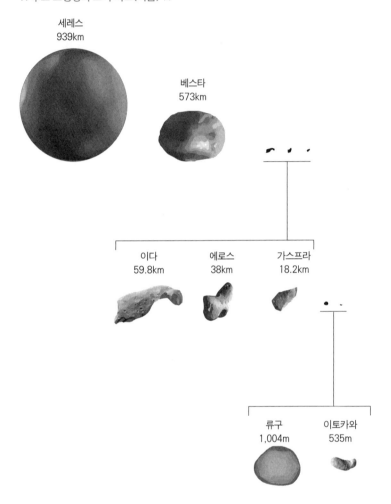

★ 주요 소행성의 크기 비교(지름) ★

세레스
939km

베스타
573km

이다
59.8km

에로스
38km

가스프라
18.2km

류구
1,004m

이토카와
535m

성들은 운이 나쁘면 지구에 충돌할 가능성이 있다.

한편 혜성은 태양에 접근하면 그 열로 얼음이 녹아서 하늘에 긴 꼬리를 늘어뜨리기도 한다. 가장 유명한 핼리 혜성은 75년 정도 주기로 회귀하는 것으로 알려졌는데 크기는 8킬로미터×16킬로미터로 감자 모양을 띤다. 1997년에 접근한 사상 최대 규모의 혜일밥 혜성의 지름은 50킬로미터 정도로 추정된다. 혜성은 평균적으로 지름 10킬로미터 안팎이며 소형이다. 그러나 〈너의 이름은〉에서 묘사했듯이 수십 미터 정도의 파편이라도 커다란 크레이터를 만들 수 있다.

그런 위험한 소행성이나 혜성이 충돌하는 빈도는 얼마나 큰 공포일까? 6,600만 년 전 멕시코 유카탄반도에 지름 10킬로미터 정도의 소천체가 충돌했다. 이때 공룡을 포함해 지구상의 75퍼센트가 넘는 종이 멸종했다. 이러한 대멸종의 위험을 동반하는 지름 10킬로미터 이상의 소행성 또는 혜성의 충돌 빈도는 일설에 따르면 5천만 년에 한 번 정도라고 추측하며 인류를 쉽게 멸종시킬 수 있는 가장 무서운 천문 현상으로 생각되어 왔다(현재는 소행성 충돌보다 대형 태양 폭발인 슈퍼플레어의 공포가 확률적으로 더 높다고 주장하는 천문학자도 있다).

지구 방위군의 사명

　지구에 접근하는 소행성은 지구 근접 천체(NEO, Near-Earth Object)라고 불리기도 한다.

　태양계는 탄생부터 현재에 이르기까지 천체끼리 끊임없이 충돌을 반복해 왔다. 하지만 충돌 빈도는 점점 줄어들어 커다란 천체끼리의 충돌은 거의 일어나지 않게 되었다. 그러나 앞에서 말했듯이 여전히 지름 10킬로미터 정도, 즉 6,600만 년 전에 공룡을 멸종으로 몰아넣은 규모의 소행성이나 혜성은 지구 근처로 수없이 많이 찾아온다. 인류는 다행히도 아직까지 커다란 천체 충돌 현상을 직접 경험하지 않았다. 하지만 〈아마겟돈〉, 〈딥 임팩트〉 등 1994년 슈메이커-레비9 혜성이 목성에 충돌한 이후 앞다퉈 제작된 지구 위기 영화에서처럼 소행성이나 혜성과 같은 소천체의 충돌은 가까운 미래의 지구에도 일어날 수 있는 현상이다.

　현재 지구에 충돌할 가능성이 있는 소행성, 혜성을 비롯한 지구 근방 소천체의 발견과 감시는 국제 협력하에 이뤄지고 있으며 일본우주항공연구개발기구(JAXA)의 해당 부서나 일본우주포럼(JSF), NPO법인 일본 스페이스가드협회 등이 이 일을 담당하고 있다. 일본 스페이스가드협회는 오카야마현 이바라시 비세이초에 있는 지구 근방 소행성 관측 시설 '비세이 스페이스가

드센터'에서 지속적으로 관측하고 있다. 이런 업무를 '행성 방어(Planetary Defense)'라고 한다.

국제적으로는 미국이나 러시아, 유럽도 행성 방어에 매우 열정적이다. 특히 미국의 경우 팔로마산 천문대 등에서 혜성과 지구에 접근하는 소행성을 많이 발견했다. 현재는 국제적인 다양한 수색 프로젝트를 통해 혜성과 소행성이 계속해서 검출되고 있다.

그럼 지구에 충돌할 천체가 발견된다면 어떻게 해야 피할 수 있을까? 다행히 혜성이나 소행성과 같은 소천체의 경우 지구로부터 멀리 떨어진 장소에서 그 충돌을 예측했다면 천체의 궤도를 조금 바꿔 주는 것만으로 지구와의 충돌을 피할 수 있다. 이를 위한 다양한 방법이 현재 검토 중이다. 아무튼 대형 로켓으로 소천체의 궤도를 바꾸려면 솔라셀, 로켓 엔진, 폭탄 등을 그 천체에까지 보내야만 한다.

만약 지구에 너무 근접했다면 안타깝게도 어쩔 도리가 없다. 그러므로 행성 방어는 인류의 번영과 우리 생활을 지키는 중요한 임무를 맡고 있다고 할 수 있다. 예전에는 지구에 소천체가 충돌해서 사람이 사망할 확률은 비행기 사고로 사망할 확률과 거의 비슷하다고 했다. 하지만 비행기의 안전성은 시간이 흐를수록 점점 더 향상되는 데 반해. 지구에 천체가 부딪칠 위험성은 예전이나 지금이나 변함이 없다. 오직 천체의 크기나 인류가 대응을 어떻게 준비할 것이냐에 달려 있으며 준비가 미흡하다면 인류 멸종의 순간을 맞이하게 될 것이다.

우주 쓰레기가 쏟아지는 날

인류가 버린 심각한 우주 쓰레기 문제

1957년 구소련(소비에트연방)은 세계 최초의 인공위성 스푸트니크 1호를 쏘아 올렸다. 바다에서 육지로, 육지에서 하늘로 진화해 온 지구상의 생명체가 마침내 우주도 활동 장소로 삼은 것이다. 살아 있는 인간이 우주 공간으로 진출한 것은 1961년의 일이다. 구소련의 우주비행사 유리 가가린은 보스토크 1호로 지구의 대기권 밖을 1시간 50분 만에 일주하고 무사히 귀환하여 "지구는 푸르다"라는 말을 남겼다.

유리 가가린(Yurii Gagarin, 1934~1968)

　멋진 말을 남긴 우주비행사는 가가린뿐만이 아니다. 1969년 7월 21일, 달 표면에 최초로 발을 내디딘 아폴로 11호의 선장 닐 암스트롱은 달 표면에 내리자마자 "이것은 한 인간에게는 작은 한 걸음이지만 인류에게는 위대한 도약이다"라고 말했다.

닐 암스트롱(Neil Armstrong, 1930~2012)

　그러나 인류가 우주 개발로 남긴 것은 이런 멋진 말이나 성과만이 아니다. 구소련이 스푸트니크 1호를 쏘아 올린 이후 6천 번이 넘는 로켓을 발사했고, 그때마다 우주 공간에는 로켓 파편이나 쓰이지 않게 된 인공위성과 그 파편, 또 우주비행사가 잃어버린 카메라와 나사 등 이른바 우주 쓰레기(Space Debris)가 대량으로 발생했다. 대부분은 대기권으로 재진입하여 타 버렸지만 현재도 4,500톤이 넘는 쓰레기가 우주 공간에 남아 있다고 한다.

인류를 습격하는 우주 쓰레기

여러분은 영화 〈그래비티〉를 본 적이 있는가? 2013년에 공개된 샌드라 불럭 주연의 SF 영화다. 이 영화는 러시아가 자국의 인공위성을 파괴하자 다른 인공위성도 연쇄적으로 파괴되어 우주 쓰레기로 확산되는 케슬러 증후군(Kessler Syndrome)과 그 영향으로 지구 귀환이 어려워진 우주비행사의 이야기를 그렸다. 화려하게 각색되기는 했지만 우주 쓰레기의 공포는 절대로 가상 세계의 이야기가 아니다. 21세기는 늘 지구의 대기권 밖, 즉 우주 공간(Space)에 누군가가 존재하는 시대다.

국제우주정거장은 1998년부터 미국·러시아·일본·캐나다·

유럽연합(EU) 등이 협력하여 운용하는 곳이다. 지상에서 400킬로미터 상공에 위치하며 지구를 약 90분에 한 바퀴씩 돈다. 다시 말해 1998년 이후로는 누군가가 우주 공간에 존재하고 있다. 거대 플레어나 슈퍼플레어의 위협뿐만 아니라 우주에서 지내는 인류에게 매우 작은 운석이나 우주 쓰레기는 목숨을 해치는 위험한 대상이다.

또한 지구 둘레를 돌고 있는 인공위성의 수는 8천 대에 가까우며 이미 지상에 회수되었거나 대기권에 떨어진 것을 제외해도 궤도 위의 위성은 4,400대가 넘는다. 이 위성들은 궤도를 정확하게 파악해 충돌을 피하도록 운용한다고는 하지만, 인공위성끼리 충돌해서 수많은 파편이 사방으로 흩어진 사례가 적지 않다. 유인 우주비행선이든 무인 인공위성이든 그 임무를 다하는 순간 가장 큰 공포의 대상은 우주 쓰레기다.

지구 근처의 소천체를 발견하고 감시하는 일본우주항공연구개발기구의 추적네트워크기술센터는 여러 거점을 거느리고 있다. 그 거점 중 하나인 오카야마현 이바라시 비에이초에 있는 비세이스페이스가드센터는 지구에 충돌할 소행성과 혜성을 조기 발견하고, 하늘에서 떨어질 가능성이 큰 위험물의 감시를 목적으로 한다. 그리고 오카야마현에 있는 또 다른 거점 가미사이바라 스페이스가드센터는 우주 쓰레기를 감시한다.

최근에는 평균적으로 1년 동안 파편류 수백 개, 로켓 기체 수십 개, 운용이 끝난 인공위성 10여 대가 해마다 대기권으로 다시 진입한다. 인공위성이 대기권에 재진입할 때는 대부분 다 타 버리지만 잘 타지 않는 재질을 사용한 부품이나 크기가 거대한 인공위성일 경우는 지상이나 해상에 잔해가 떨어질 수 있기 때문에 우주비행사만 위험한 것이 아니다. 가능성이 희박하기는 하나 지상에 사는 어느 누구나 떨어진 우주 쓰레기에 피해를 입을 수 있다.

우주 쓰레기는 지구 대기권 밖 우주 공간에서 제어하지 못하게 된 인공 물체다. 인공위성을 발사할 때는 일반적으로 국제적인 약속에 따라 제어 불능에 빠지는 인공위성 최대한 줄이기, 충돌할 때 잘 분해되지 않는 소재 사용하기, 사용이 끝나면 연료는 전부 버리고 시간이 지나도 폭발하지 않게 하기 등의 대책을 마련한다.

또 위성을 계속 쏘아 올리면 지구 주변의 우주 공간이 좁아져서 위성끼리 충돌할 수 있으므로 자국이 발사한 인공위성의 궤도는 물론이고 다른 나라 인공위성의 궤도까지 확실히 파악해야 한다. 충돌할 위험이 있을 경우에는 인공위성의 궤도를 조금 움직여서 그 가능성을 줄이는 노력을 기울이는데, 우주 쓰레기를 회수하는 기술은 아직까지 국제적으로 확립되어 있지 않다.

태양에서 쏟아지는 방사선의 공포

에너지 제공자 태양의 사나운 일면

태양계의 세 번째 행성 지구에 사는 인류에게 태양은 가장 가깝고도 중요한 천체다. 흔히 태양을 '태양계의 어머니'라고 말하듯이 태양은 지상에서의 생명 활동에 필요한 에너지를 제공하는 없어서는 안 될 존재다. 그러나 연구가 진행됨에 따라 태양이 생명 활동의 근원이 되는 방대한 에너지를 제공하는 중요한 존재라는 사실 외에도 성질이 매우 거칠고 까다로워 금세기 우주에 진출하려는 인류의 입장에서는 꽤 다루기 어려운 존재이기도 하다는 사실이 알려졌다.

태양 플레어가 일으키는 델린저 현상이란

태양은 지름이 지구의 109배, 질량은 지구의 33만 배나 되는 거대한 수소 가스 덩어리다. 중심부의 온도는 1,500만 도가 넘으며 그곳에서는 언제나 수소의 핵융합 반응이 일어난다. 중심에서 발생한 방대한 에너지는 방사나 대류로 장시간에 걸쳐서 그 표면까지 전달된다. 그런데 태양 표면을 지배하는 자기장력으로 에너지의 흐름이 방해를 받기도 한다. 강력한 자기장력은 태양의 자전 때문에 생기며 온도가 약 6천 도나 되는 태양 표면에서는 발달한 자기장의 영향을 받아 주변보다 온도가 낮은 흑점이 발생한다. 흑점은 표면 자기장의 영향으로 태양 중심에서의 에너지 흐름이 차단되어 그 영역만 주변보다 온도가 낮아진 장소다. 그곳에 축적된 에너지가 갑자기 대량으로 방출되는 순간이 있다. 그렇게 많은 양의 빛과 에너지가 급격히 분출하는 현상을 플레어(Flare)라고 한다. 다시 말해 플레어는 태양 표면 부근의 대기에 축적된 에너지가 자기장의 재결합(Magnetic Reconnection)으로 해방되는 현상이다.

플레어가 발생하면 강력한 에너지의 흐름이 우주 공간에 방출되는데 그 방향에 따라서는 에너지가 지구로 향하기도 한다. 플레어가 발생한 지 8분 정도 만에 지구에 가장 먼저 강력한 전자파(특히 X선)가 도달한다. 가시광선을 포함해 모든 전자파는 진공

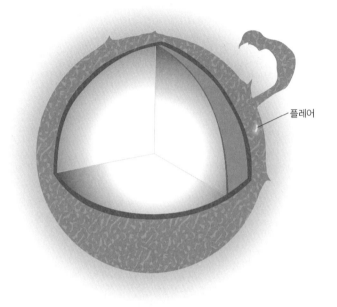

플레어

속을 매초 30만 킬로미터의 속도로 나아갈 수 있기 때문에 태양과 지구 사이의 거리 약 1억 5천만 킬로미터를 8분 19초면 도달할 수 있다. 강력한 전자파가 지구 대기의 전리층에 도달하면 전리층의 상태가 혼란해져서 전자통신 중 단파에서의 장거리 통신을 할 수 없게 된다. 이를 델린저 현상(Dellinger Phenomena)이라고 한다. 따라서 델린저 현상을 대비하려면 24시간 쉬지 않고 실시간으로 태양을 감시해서 지구로 향하는 플레어 폭발을 관측한 동시에 경보를 내려야 한다.

대정전을 일으켜 주식시장을 정지시킨 오로라 폭풍

플레어가 발생한 지 며칠 후 이번에는 강력한 태양 폭풍이 지구에 도달한다. 태양 폭풍이란 하전입자(양자나 헬륨 원자핵)를 말하는데 이것들은 이른바 방사선이다. 헬륨 원자핵이 알파선, 양자가 베타선, 전자파 중 가장 파장이 짧은 빛이 감마선이다. 이들 가운데 입자인 양자나 헬륨 원자핵이 초속 수백 킬로미터의 고속 태양풍이 되어 지구에 밀려온다. 지구 주위에는 지구 자기장(지자기)이 있어서 일반적인 상태의 태양풍이 직접 진입하는 것을 막는다.

하지만 입자 수가 월등히 많은 플레어 폭발에 따른 고속 태양풍이 발생하면 지구 자기장만으로는 진입을 도저히 막아 낼 수 없다. 그러면 지구 자기장이 크게 혼란해져서 자기폭풍(Magnetic Storm)이 발생한다. 지자기의 혼란은 상공에서 극지에 나타나는 오로라를 거세게 자극하여 오로라 폭풍으로 관측된다. 이 경우 지상에서는 유도전류가 송전선에 혼입되어 전력 이나 전자기기 등에 교란을 일으킬 수 있다. 심한 경우 송전선망이 파괴되어 정전이 발생한다.

역사에 기록된 가장 큰 자기폭풍은 1859년 9월 1일에 일어났다. 이때에는 당시 최첨단 통신 기술이었던 유선 전신망에 자기폭풍에 따른 과전류가 흘러서 말단 통신소에 화재가 발생했다.

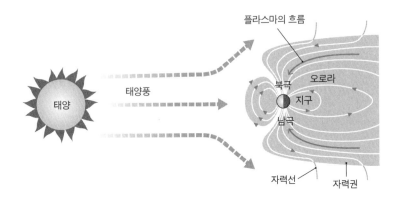

이때 매우 밝은 오로라가 극지에 나타나 야외에서 밤에도 신문을 읽을 수 있었다는 기록이 남아 있다.

또한 1989년 3월에 캐나다 퀘벡주에서 대정전이 발생한 적이 있다. 약 600만 명이나 되는 사람들이 9시간 동안 전기를 쓰지 못하는 상태가 되었다. 이때의 피해액은 적게 어림잡아도 총 수천억 원이나 된다. 같은 해 8월에 자기폭풍이 발생했을 때는 정전과 통신 두절 탓에 캐나다 토론토의 주식시장이 마비되어 매매 정지 사태를 일으켰다. 사상 최대 규모의 플레어가 지구를 직격하면 미국과 유럽 등 고위도 지역을 중심으로 약 320조 원 정도의 피해를 입을 것으로 예측된다. 이는 동일본대지진이 일어났을 때의 경제 손실을 웃도는 액수다.

이렇듯 플레어 폭발은 태양에서 지구로 대량의 방사선을 뿜어내 대기와 지상에 영향을 줌으로써 피해가 생길 위험이 있다. 특히 우주 공간에 있는 국제우주정거장의 우주비행사와 인공위성의 피해가 우려된다. 지구 자기권 바깥쪽에서는 그들을 방사선으로부터 방어해 주는 자연의 자기장 방어막이 존재하지 않기 때문이다. 그래서 우주 일기예보의 중요성이 최근 들어 더욱더 높아지고 있다.

자기폭풍을 예측하는 우주 일기예보

우주 일기예보란 태양 플레어의 발생을 비롯해 태양면 현상이나 태양면의 이상을 자세하고 빠르게 관측해서 관계자에게 정보를 제공하는 일이다. 국제우주정거장에서 생활하는 우주비행사가 방사선에 피폭되지 않게 우주정거장 안의 안전한 장소로 대피시키거나 사회 기반시설인 기상위성과 통신위성 등 인공위성의 고장을 방지하기 위해 위성의 방향을 바꾸는 등의 조정이 필요하다. 만약 우주비행사가 우주선 밖에서 활동할 때 운 나쁘게 거대 플레어가 일어나면 4시버트(Sv, 인체에 피폭되는 방사선 양의 단위)가 넘는 방사선을 뒤집어쓸 수 있다. 이는 치사량에 해당하므로 매우 위험하다. 또 지상의 발전 시스템이 멈추는 것을 막으려면 사전에 송전량을 줄이는 등의 방어 조치도 해야 한다. 그런 이유로 세계 각국에서 우주 일기예보를 연구하고 있으며 일본에서는 도쿄도 고가네이시에 본부를 둔 정보통신연구기구(NICT)가 이 업무를 수행한다.

우주 일기예보는 지상에서의 다양한 태양 전용 망원경을 통한 태양 감시뿐만 아니라 우주망원경을 이용한 감시도 반드시 필요하다. 특히 1995년에 미국항공우주국(NASA)와 유럽우주기구(ESA) 공동 프로젝트로 발사된 태양관측위성 소호(SOHO)는 항상 태양 표면을 모니터링하며 수많은 자기폭풍의 발생 예보에 도움을 주었다.

지구 자기권에 침입하는 태양풍 자체를 볼 수는 없다. 그러나 북극이나 남극에 가까운 고위도 지방에 가면 그 활동 모습을 오로라로 목격할 수 있다. 개기일식이나 유성우와 함께 많은 사람들의 마음을 사로잡는 오로라는 우주 공간에서 일어나는 현상이 아니라 지구 대기 안에서 일어나는 발광 현상이다.

태양을 비롯해 우주에서 날아드는 방사선(플라스마의 일종)은 앞에서 말했듯이 지구의 자기장 방어막인 지구 자기권이 가로막아서 지상까지는 거의 도달하지 않는다. 그러나 지자기의 극인 북극과 남극 주변은 자력선 다발이 모이는 부분이기 때문에 자력선을 따라 나아가는 성질을 갖고 있는 방사선이 그 장소에서 지구 대기권 안으로 침입한다. 이때 지구의 극지에서는 고층 대기의 발광 현상이 발생할 수 있다. 이 현상이 바로 오로라다. 지구 자기권의 자력선을 따라 지구에 내려와서 고층 대기의 대기 입자와 충돌하면 대기 입자가 에너지를 갖고 빛을 낸다. 방사선의 종류와 지구 대기 입자의 종류에 따라 X선부터 적외선까지 각종 파장역의 빛이 방출된다.

우리가 목격하는 오로라는 주로 전자 입자의 강하에 따른 대기 발광으로 산소 원자의 적색이나 녹색 오로라가 밝게 빛난다. 오로라는 지구 바깥쪽에서 관찰하면 자기극을 에워싸는 고리 모양으로 발생해서 이 고리를 오로라 오벌(Auroral Oval)이라고 부르기도 한다. 지구 이외에도 목성 · 토성 · 천왕성 · 해왕성 등 자기장을 갖고 있는 천체에서 오로라를 관찰할 수 있다.

 ## 초거대 플레어의 발생

　　태양 표면에서 발생하는 플레어의 규모는 매우 다양하다. 그중 슈퍼플레어는 가장 두려운 존재다. 슈퍼플레어란 태양에서 관측되는 최대급 플레어의 10배가 넘는 에너지를 방출하는 초거대 플레어를 말한다. 다행히 그런 대규모 플레어가 최근에는 나타나지 않았으나 앞으로 태양에서 발생하지 않을까 우려된다. 오늘날 관측되는 최대 플레어(10년에 한 번 있을까 말까 한 빈도)의 1만 배 정도인 슈퍼플레어가 1만~10만 년에 한 번의 빈도로 일어날 것이라고 예상하는 학자도 있을 정도다.

극히 최근까지 대부분의 천문학자들은 활동이 불안정한 아직 어린 항성에서만 슈퍼플레어가 발생하며, 태양처럼 탄생 후 46억 년이나 계속해서 수소 핵융합 반응이 안정적으로 일어나는 항성(주계열성)에서는 발생하지 않는다고 생각했다.

그런데 2009년 NASA에서 외계 행성 탐사를 목적으로 발사한 우주망원경 케플러의 방대한 관측 데이터가 그 상식을 뒤집었다. 케플러의 관측 데이터 중 태양과 비슷한 항성 8만 개의 변광 데이터를 자세히 조사했더니 태양과 비슷한 유형의 항성 148개에서 슈퍼플레어가 총 365회나 발견되었다.

한편 ESA가 쏘아 올린 위치천문 위성 가이아 등의 데이터에서도 태양과 비슷한 유형의 항성에서 슈퍼플레어가 43회 발생한 것으로 관측되었다. 이 데이터를 자세히 분석한 결과 확실히 어린 항성일수록 슈퍼플레어를 쉽게 일으켰다. 그러나 태양과 같은 장년기의 항성에서도 드물게 일어난다는 사실이 밝혀졌다. 어린 항성은 매주 슈퍼플레어를 일으키는 데 비해 태양과 같은 장년기 항성은 수천 년에 한 번 정도 슈퍼플레어가 발생한다. 규모가 큰 플레어일수록 발생 빈도가 줄어들기 때문에 훨씬 강력하고 규모가 큰 슈퍼플레어는 수만 년에 한 번의 빈도로 발생할 것이다. 이처럼 현재로는 태양에서도 슈퍼플레어가 발생할 수 있다고 전문가들은 입을 모은다.

유례없는 대재해를 일으키는 슈퍼플레어

디지털 혁명이 일어난 20세기 말 이전에는 태양에서 소규모 슈퍼플레어가 일어났다고 해도 장대한 오로라 폭풍이 목격되었을 뿐이라서 큰 문제가 아니었을 수 있다. 그러나 지금은 다양한 전자기기와 통신기술이 생활에 필수인 시대다. 따라서 그 영향은 심각한 피해로 이어질 수 있다. 인류가 경험한 최대 플레어의 1천 배 정도인 슈퍼플레어의 경우 지상에서 방사선에 피폭되어 사망할 위험까지는 일어나지 않겠지만, 운 나쁘게 우연히 항공기를 탔다면 매우 심각한 수준의 방사선에 노출될 수 있다. 방사선량은 상공으로 갈수록 강해지기 때문이다.

★ 슈퍼플레어가 일으키는 피해 ★

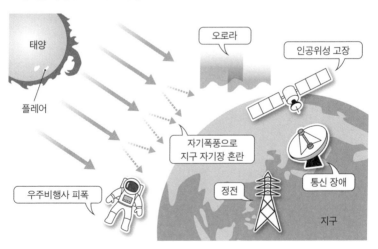

태양

오로라

인공위성 고장

플레어

자기폭풍으로
지구 자기장 혼란

통신 장애

우주비행사 피폭

정전

지구

이렇듯 앞으로 태양에서 수천 년에 한 번 슈퍼플레어가 일어나서 지구를 직격하면 유례없는 대재해가 발생할 것이다. 거대 운석이 충돌해서 죽을 확률보다 슈퍼플레어 때문에 죽을 확률이 더 높다고 경고하는 과학자도 있다.

21세기에 들어와 국제우주정거장이 활동하고 있다. 다시 말해 우주 공간에 늘 누군가가 존재하는 시대가 되었다. 달 착륙 50주년인 2019년, 미국의 트럼프 정권은 2025년까지 인간이 다시 한 번 달 표면 위를 걷는 것을 계획했다. 이 프로젝트가 성공하면 인류가 달에 착륙한 지 반세기 만에 최초의 여성 우주인이 달 표면을 밟게 된다.(2022년 8월 한국에서도 달 탐사선 다누리호 발사를 성공시킴으로써 달 탐사 프로젝트에 박차를 가했다*). 또한 2030년대에는 화성으로 가는 유인 비행을 목표로 한다. 이런 시대이기에 태양에 대한 이해와 태양 활동의 감시 및 예보(우주 일기예보)가 매우 중요하다.

태양에서 보내는
일상적인 위협

태양에서 방출되는 전자기파의 위협

태양에서 보내오는 위협은 방사선이나 슈퍼플레어뿐만
이 아니다. 가장 일상적으로 우리는 태양의 맹위에 노출되어 있
다. 태양 방사, 특히 자외선의 위협이다. 태양에서 지구에 도달하
는 물질을 다시 한번 정리해 보자. 태양 방사(전자기파), 태양풍
(플라스마류=하전입자=방사선), 또 이 책에서는 다루지 않지만 태
양 뉴트리노 등도 포함된다.

전자기파란 파장이 긴 순서대로 전파, 적외선, 가시광선, 자외
선, X선, 감마(γ)선의 총칭이다. 이것들은 파동으로서의 성질을

갖고 있으며 그 파장의 차이에 따라 위와 같이 구분된다. 또한 파장이 짧을수록 에너지가 크다는 점에 주의해야 한다. 이 중 가시광선은 우리가 눈으로 느낄 수 있는 파장의 전자기파다. 태양에서 보내는 전파의 일부와 가시광선을 제외한 대부분의 전자기파는 지구 대기를 통해 흡수되거나 흩어져서 지표에 닿는 것은 얼마 되지 않는다. 전자기파 중 대기에 잘 투과될 수 있는 파장 범위들을 '대기의 창(Atmospheric Window)'이라 한다.

태양은 감마선부터 전파까지 모든 빛을 방사하는데 가장 강한 빛은 가시광선이다. 그래서 인간의 눈은 가시광선을 포착할 수

★ 대기의 창 ★

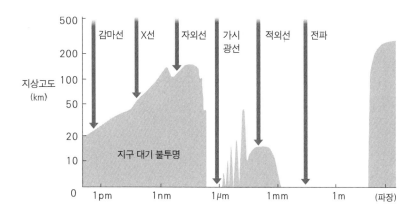

가로축은 파장이며 세로축은 지상고도, 화살표는 전자기파가 도달할 수 있는 높이를 나타낸다.
▨ 의 영역에서는 전자기파가 지상에 닿지 않는다.

있게 진화했을 것이다. 가시광선 중에서도 초록색 부근이 정점을 찍는다. 빛이 지구의 대기의 창을 재빨리 빠져나가서 지상에 도달하면 빛의 일부는 빛이 닿은 부분을 따뜻하게 하는 열에너지로 변환된다. 구름에 닿은 빛도 반사된 수증기에 흡수된다. 이렇게 해서 태양 에너지가 지구나 지구 대기를 따뜻하게 하는 일에 쓰이며 대기의 대순환과 강우, 해류도 발생시킨다. 또한 식물의 광합성이나 동식물의 성장에도 사용된다. 확실히 어머니와 같은 태양이다.

만만하게 봤다가 큰코다칠 자외선

눈에 보이는 태양광은 무지개에 의해 일곱 가지 색으로 분해된다. 파장이 긴 빨간색보다 파장이 짧은 보라색의 굴절률이 크기 때문에 대기 중의 빗방울이 프리즘이 되어 빛을 분해했을 때 이런 아름다운 무지개를 만드는 것이다. 이때 눈에는 보이지 않지만 빨간색 바깥쪽에는 그보다 파장이 훨씬 긴 적외선이 있고 보라색의 바깥쪽에도 그보다 파장이 훨씬 짧은 자외선이 있다. 가시광선에 가까운 파장인 적외선과 자외선은 대기의 창에서 빛이 줄어들지만 지상에 일부가 도달한다.

적외선은 다른 명칭으로 열선이라고 해서 지구를 따뜻하게 하는 데 도움을 주지만 자외선은 위험하다. 여름의 강한 자외선 때문에 여러분도 피부가 검게 그을린 경험을 한 적이 있지 않은가? 바닷가나 수영장에서 하는 일광욕도 건강과 미용에 큰 적이지만, 대기량이 적은 고산 지대에서 자외선에 노출되는 것이 가장 위험하다.

태양에서 보내는 자외선은 지구 대기의 창을 통해 흡수되어 지표에 도달하는 것은 고작 2퍼센트 정도다. 그러나 공기가 희박한 높은 산에 가면 그보다 더 많은 양의 자외선을 뒤집어쓰게 되므로 자외선 차단제를 꼼꼼히 바르는 등 반드시 자외선 방어 대책을 마련해야 한다.

만약 태양에서 보내는 자외선이 대기에서 흡수되지 않고 전부 지표에 도달한다면 우리의 피부는 단 몇 초 만에 타서 문드러질 것이다. 그뿐만이 아니다. 자외선이 가진 강력한 에너지는 지상에 있는 모든 생물의 DNA를 파괴할 것이다. 실제로 태곳적 지구의 육지에는 생물이 전혀 살지 않았다. 자외선의 힘이 너무나도 강했기 때문이다. 육지에 생물이 진출한 것은 바닷속의 식물이 만들어 낸 또 하나의 지구 방어막 오존층 덕택이다.

인류의 생존이 달린 오존층 되살리기

오존층이란 지구 대기층의 성층권에서 약 20킬로미터 높이에 있는데, 오존(산소 원자 3개로 이루어진 분자) 밀도가 상대적

★ 전자파의 성분 ★

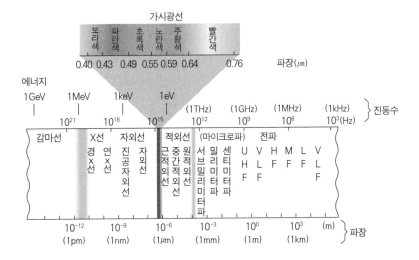

으로 높은 층을 말한다. 태양에서 보내는 자외선 대부분은 오존
층에서 흡수되므로 생물에게 유해한 자외선이 지표까지는 거의
도달하지 않는다.

46억 년 전 탄생 직후의 원시 지구에는 오존층이 없었다. 한편
물은 오존을 흡수할 수 있어서 38억 년쯤 전에 탄생한 지구 생명
체는 안전한 바닷속에서 진화하고 발전했다. 해양 속에서 광합
성을 하는 규조류 등의 식물성 플랑크톤이 증식하자 광합성으로
발생한 산소가 물속에서 포화했고 넘쳐난 산소는 대기 중으로
방출되었다. 대기 중에 산소가 늘어남에 따라 태양에서 내보내는

자외선과 산소가 반응하여 오존층이 생겼다. 이렇게 오존층이 생긴 덕분에 지표 위에서 생명체의 탄생과 진화가 가능해졌다.

대기 중 오존 농도는 오랜 세월에 걸쳐서 태양의 자외선에 따른 생성과 파괴로 적절히 균형을 유지했다. 그러나 최근 들어 인류는 남극 상공에서 오존층이 대량으로 파괴되어 오존홀이 생긴 것을 발견했다. 이는 인간이 무분별하게 사용한 프레온 가스와 할론이 성층권에 도달해서 오존을 파괴하는 촉매제가 되었기 때문으로 판단된다. 오존층의 파괴로 피부가 검게 그을리거나 피부암에 걸린 사람들이 증가했다.

1987년 국제사회는 협력하여 오존층을 파괴하는 이러한 물질의 배출 감축과 사용 금지를 결정했다(몬트리올 의정서). 그 후 국경을 초월해 전 세계가 노력함으로써 세계 197개국이 승인한 결과 현재는 오존홀이 축소된 것을 관측할 수 있다.

하지만 언제 또 인류의 개념 없는 행동 때문에 오존이 감소할지도 모른다. 한편 대기 중 이산화탄소의 증가에 따른 지구온난화는 매우 심각한 사태를 일으키고 있다. 현재 인류는 몬트리올 의정서와 마찬가지로 국경을 초월한 인류의 뛰어난 지혜가 다시 한번 시험당하는 시련의 시기를 맞이했다.

화성인이
지구를
공격했다?

인류를 불안과 공포에 빠뜨린 천문 현상

역사상 인류를 불안과 공포에 빠뜨린 천문 현상과 천체
는 수없이 많다. 대낮에 갑자기 태양이 모습을 감춰서 어둠이 찾
아오는 개기일식이 대표적이다. 일식을 예보하지 못했던 그 시대
에 일식 자체를 몰랐던 사람들은 얼마나 두려운 마음으로 이지
러지는 태양을 바라봤을까? 일본에서도 《고사기》, 《일본서기》에
아마테라스오미카미가 하늘의 바위굴에 숨는다고 하는 유명한
이야기가 등장한다. 아마테라스오미카미는 일본 신화에 나오는
태양신으로, 이 이야기가 고대 일본에서 관찰된 개기일식의 공포

체험을 계기로 만들어져 전승된 것은 의심할 여지가 없다. 이와 같은 신화, 즉 태양신이 숨는 이야기는 중국, 몽골, 태국, 인도네시아, 튀르키예 등 수많은 나라에서 전승되고 있다.

밤하늘에 느닷없이 나타나 긴 꼬리를 하늘에 늘어뜨리는 혜성도 공포의 대상이었다. 대부분의 나라와 민족은 예로부터 혜성을 불길한 징조로 받아들였다. 기원전 100년경 중국(전한시대)에서는 밤하늘에 나타난 혜성의 꼬리 형상을 극명하게 관찰한 점성술로 나라의 운명을 점쳤다.

7세기 독일의 《뉘른베르크 연대기》에는 가장 오래된 핼리 혜성의 출현이 서기 684년의 페이지에 기록되어 있다. 기록자는 "이 혜성이 나타난 해에는 큰비가 내리고 천둥과 번개가 석 달 넘게 지속되었다. 그 기간에 수많은 사람과 양떼가 죽고 밭의 작물은 시들었다. 또한 일식과 월식이 계속 일어나 사람들이 불안과 공포를 느꼈다"라고 묘사했다. 이 사실에서 당시 독일에서는 혜성의 출현이 온갖 재난을 일으킨다고 생각했음을 알 수 있다. 유럽에서는 혜성을 신의 계시라고 간주하는 일이 많았던 모양이다.

어쩐지 무섭게 빛나는 붉은 행성

일식이나 혜성과 마찬가지로 예로부터 사람들을 불안에 떨게 하는 천체가 가까이에 있었다. 바로 화성이다. 영국의 작곡가 홀스트(G. Holst)의 유명한 모음곡 〈행성〉 중 '화성'을 들어 보자. 홀스트는 1914년에 작곡한 이 악장의 제목을 '화성, 전쟁을 부르는 자'라고 붙였다. 마치 전쟁의 한복판에 있는 것처럼 느껴지는 그 선율은 듣는 사람의 불안감을 자극한다.

왜 화성(Mars)은 '전쟁의 신' 마스라는 이름을 얻었을까? 그 이유는 2년 2개월마다 기분 나쁘게 빛나는 붉은 행성이 분명히 전쟁과 유혈을 연상했기 때문일 것이다. 화성은 태양계의 네 번째 행성으로 지구의 바로 바깥쪽에서 태양의 둘레를 공전한다. 수성과 화성을 제외한 대부분의 행성 궤도가 거의 원에 가까운 타원인 데 비해 수성과 화성은 그보다 더 확실한 타원 궤도를 그린다. 즉 태양으로부터의 거리가 가까워지기도 하고 멀어지기도 한다.

이 경우 지구에서 화성을 관찰하면 2년 2개월마다 태양의 반대쪽, 즉 깊은 밤에 밝게 빛난다. 그때 접근하는 위치에 따라 지구와 화성 사이의 거리는 5,600만 킬로미터(대접근)에서 1억 킬로미터 이상(소접근)까지 차이가 크다. 보이는 밝기 역시 접근할 때마다 다르다. 그래서 과거에는 기분 나쁠 정도로 붉게 빛나는 대접근이 되면 큰 전쟁이나 재난이 일어날 것이라고 우려했다.

고대부터 시작된 화성에 대한 공포는 당연히 화성에는 화성인이 살아서 언젠가 지구를 공격할지 모른다는 잠재적인 불안 요소이기도 했다. 화성인에 얽힌 일화 중 하나로 19세기 말에 활약한 미국의 천문학자 퍼시벌 로웰을 소개하겠다. 자산가로 태어난 로웰이 화성에 마음을 빼앗긴 이유는 화성 표면에서 '운하'가 발견되었다는 오보를 봤기 때문이었다.

퍼시벌 로웰(Percival Lowell)
(1855~1916)

조반니 스키아파렐리(Giovanni Schiaparelli)
(1835~1910)

당시 이탈리아에서 활약한 천문학자 조반니 스키아파렐리의 상세한 화성 스케치에는 직선 형태의 구조 여러 개가 그려져 있었다. 스키아파렐리는 이 구조를 이탈리아어로 수로를 의미하는 canale(카날레)라고 표현했다. 이 말이 '운하'를 의미하는 영어 canal(커낼)로 오역되어 전해져 로웰은 화성에 운하를 건설할 정도의 고등 생물(=화성인)이 살고 있다고 믿었다. 로웰은 자신의 재산을 털어서 미국 애리조나주 플래그스태프에 사설 천문대를 건설하여 화성 관측에 몰두했다. 그 후 로웰이 남긴 수많은 스케치에 보이는 것과 달리 화성 표면에 운하와 직선상의 수로는 없는 것으로 밝혀졌지만 당시 세상에 큰 영향을 준 것은 분명하다.

로웰의 시대, 지금으로부터 100년쯤 전에는 화성에 화성인이

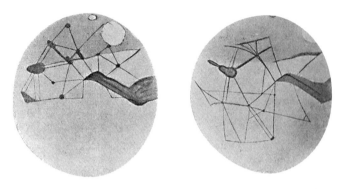

퍼시벌 로웰이 천문대의 망원경으로 관측해 그린 직선과 원, 타원 모양의 운하망

산다고 믿은 사람이 수두룩했다는 사실은 지금 생각해 보면 매우 놀랄 만하다. 로웰의 화성 운하설에 영향을 받은 영국의 SF 작가 허버트 조지 웰스(H. G. Wells)는 1898년에 《우주 전쟁The War of the Worlds》을 발표한다. 지구인보다 고도의 문명을 갖고 있는 친숙한 문어 모양의 화성인이 지구를 공격한다는 내용의 SF 소설이다. 또 그로부터 30년 후 이번에는 미국에서 훗날 명배우 오슨 웰스(Orson Welles)가 이 책의 내용을 바탕으로 라디오 드라마 〈우주 전쟁〉을 방송한다. 1938년 10월 30일 핼러윈 전날 밤에 방송된 이 라디오 드라마는 화성인이 미국을 침공했다는 실시간 뉴스 속보 형식으로 각색했는데, 성우가 '이 방송은 드라마입니다'라고 여러 번 해설했는데도 배우의 실감 나는 연기로

미국 전역에 엄청난 혼란을 일으켰다.

화성에 생명체가 존재할까?

시대가 바뀌고 20세기 후반 인공위성, 우주탐사선 시대에 들어서자 탐사선이 연이어 화성을 목표로 하게 된다. 1964년에 발사한 탐사선 매리너 4호는 세계 최초로 화성 촬영에 성공했다. 그 표면 사진이 매리너 4호에서 지구로 보내졌는데 운하는 물론 생물의 낌새도 전혀 없었다.

자세히 탐사한 결과 화성의 대기는 지구의 170분의 1, 평균 기온 영하 23도로 대형 동물이 도저히 생존할 수 있는 환경이 아니었다. 이러한 화성 탐사 위성에서 보내온 영상과 정보를 통해서 화성은 지적 생명체가 생존할 수 없는 환경이라는 점이 밝혀졌다. 사람들은 화성인은커녕 눈으로 볼 수 있는 생명체가 존재하지 않는다는 사실을 이해했다. 하지만 화성에 생명체가 존재하느냐, 또는 일찍이 존재했느냐는 논쟁을 둘러싸고 아직까지 명확한 해답은 얻지 못했다. 그래도 예전의 로웰처럼 화성에서의 생명 활동을 꿈꾸는 사람들이 끊이지 않는 것은 사실이다.

화성이 붉게 보이는 이유는 그 표면이 쇠에 생기는 녹, 즉 산화철을 포함하는 모래로 뒤덮여 있기 때문이다. 화성에서는 지축이 25도 정도 기운 탓에 지구와 마찬가지로 사계절의 변화가 일어난다. 대기는 대부분이 이산화탄소다. 태고의 화성은 잔잔한 바다로 뒤덮여서 생명체가 탄생하기 쉬운 환경이었다고 추측된다. 그러나 지금의 화성은 추운 사막별이다. 그래도 태양계의 8개 행성 중에서는 지구와 환경이 가장 비슷하다. 지금으로서는 생명체를 발견하지 못했지만 그 가능성은 부정할 수 없다. 그렇지만 지금까지의 관측이나 탐사의 결과로 봐서는 화성인과 같은 지적 생명체가 존재하지 않는 것은 확실하다.

공포로 가득 찬 화성 여행, 그럼에도 그 별을 향한다

일본우주항공연구개발기구는 2020년대에 화성의 위성 포보스에서 샘플을 채취해 지구에 귀환하는 '화성 위성 탐사계획(MMX)'을 진행하고 있다. 또 빠르면 2030년대에 인류는 화성에 발자취를 남길지 모른다. 하늘을 올려다보면 화성은 달에 비해 매우 작게만 보인다. 지금 인류가 달보다 150배 이상이나 먼 땅으로 떠나려고 하는 이유는 무엇일까?

1960년 이후부터 2022년 현재까지 발사된 화성 탐사선은 총 55대다. 그중 성공한 것은 미국, 구소련을 중심으로 하는 25대에 지나지 않으며, 절반 이상이 발사 실패 또는 행방불명 등으로 성공하지 못했다. 성공한 미션의 내역을 보면, 로버(탐사차·탐사로봇) 6대, 랜더(착륙선) 6대, 궤도선(궤도를 도는 탐사선) 13대, 플라

★ 주요 화성 탐사선 ★

	탐사선명	발사일(세계시)	발사국가	종류
1	매리너 4호	1964년 11월 28일	미국	플라잉 바이
2	매리너 6호	1969년 2월 25일	미국	플라잉 바이
3	매리너 7호	1969년 3월 27일	미국	플라잉 바이
4	마스 2호	1971년 5월 19일	구소련	궤도선
5	마스 3호	1971년 5월 28일	구소련	랜더
6	매리너 9호	1971년 5월 30일	미국	궤도선
7	마스 5호	1973년 7월 25일	구소련	궤도선
8	바이킹 1호	1975년 8월 20일	미국	랜더
9	바이킹 2호	1975년 9월 9일	미국	랜더
10	포보스 2호	1988년 7월 12일	구소련	궤도선
11	마스 글로벌 서베이어	1996년 11월 7일	미국	궤도선
12	마스 패스파인더	1996년 12월 4일	미국	로버
13	2001 마스 오디세이	2001년 4월 8일	미국	궤도선
14	마스 익스프레스	2003년 6월 2일	유럽	궤도선
15	마스 익스플로레이션 로버 (1호기, 스피릿)	2003년 6월 10일	미국	로버
16	마스 익스플로레이션 로버 (2호기, 오퍼튜니티)	2003년 7월 7일	미국	로버
17	마스 리커니슨스 오비터	2005년 8월 12일	미국	궤도선
18	피닉스	2007년 8월 4일	미국	랜더
19	마스 사이언스 래브러토리 (큐리오시티)	2011년 11월 26일	미국	로버
20	망갈리안	2013년 11월 5일	인도	궤도선
21	메이븐	2013년 11월 18일	미국	궤도선
22	엑소마스	2016년 3월 14일	유럽, 러시아	궤도선
23	인사이트	2018년 5월 5일	미국	랜더

※ 2020년 2월 현재

잉 바이(둘레를 돌지 않고 근접 통과하는 탐사선) 3대다. 물론 두 가지 미션이 중복된 것을 포함해서다. 일본은 1998년에 화성 탐사선 노조미를 발사해서 화성 대기를 조사하려고 했지만 화성 궤도에 오르지 못했다. 화성으로 가기란 지금도 절대로 쉬운 일이 아니다.

NASA의 화성 탐사차 큐리오시티 등의 탐사를 통해 태고의 화성은 잔잔한 바다로 뒤덮여서 생명체가 탄생하기 쉬운 환경이었다는 사실이 알려졌다. 질량이 작은 행성 화성은 지구보다 서둘러 진화한 행성이라고 할 수도 있다. 화성 유인 탐사는 그 역사를 알아내는 것은 물론 지구의 미래를 이해하는 데도 중요한 임무를 띠고 있다. 그렇지만 화성까지 가는 길은 편도만도 2년 넘게 걸린다. 살아 있는 인간이 가야 할 것인가, AI나 로봇에게 의지해야 할 것인가는 과학적인 목적뿐만 아니라 지구상의 생명체가 먼 미래에 우주의 어디까지 진출해야 하는가 하는 관점에서 국제적 논의가 필요할 듯하다.

화성 여행에서 가장 큰 난관은 우주 방사선의 피폭 문제다. 태양 플레어가 일으키는 고속 태양풍도 공포스러울 뿐만 아니라 먼 항성으로부터 쏟아지는 우주 방사선이 태양계에 도달하기 때문에 오랜 시간 피폭되면 인체에 심각한 타격을 준다. 또한 폐쇄 공간에서 인간 심리를 다루는 것이나 적절한 소통 능력을 유지하는 것도 과제다. 이미 국제우주정거장에서 머무는 등으로 우주에 체류하는 총 기간이 2년이 넘은 우주비행사도 여럿 있다. 그러나 늘 고향 지구를 높은 곳에서 바라볼 수 있고 무슨 일이 생기면 즉시 긴급용 탈출 캡슐로 지구에 귀환할 수 있는 고도 400킬로미터의 국제우주정거장 환경에서 느끼는 감정과 지구에서 수천만 킬로미터나 멀리 떨어진 고독한 우주 여행으로 느끼는 심리적 압박감은 비교할 수 없을 것이다.

온난화가 진행되는 지구의 공포
- 인류에게 미래는 있을까?

지구는 왜 온난해질까?

　　현대사회는 수많은 과제에 직면해 있다. 일본에서도 저출산, 고령화, 농촌 과소화와 지역사회 붕괴, 국가 세입·세출의 누적 적자 증가, 의료·복지·연금 현상 유지, 세계화 대응, 주변 나라와의 평화 외교 등 여러 불안 요소와 과제가 머릿속에 떠오른다. 국제적으로 봐도 인클루전(개개인의 개성을 조직이나 사회에 받아들여 활용하기*), 자본주의의 변화 및 다양화, AI, IT 혁명에 대한 대응, 이민 문제와 테러리즘 대책, 포퓰리즘 대두 등 당면한 과제는 다양하다.

그러나 어느 나라, 어느 지역에서나 모든 사람이 실감하는 가장 큰 공포는 지구 환경의 변화, 특히 지구 온난화가 아닐까? 여기서 지구라는 행성에 사는 인류와 지구의 관계에 대해 생각해 보자. 지구는 가장 친근하고 소중한 천체이자 인류의 고향이라고도 할 수 있다.

지구 온난화란 지구의 평균 기온이 장기적으로 상승하는 것을 말하는데, 특히 산업혁명 이후 인간 활동에 의한 영향을 먼저 손꼽을 수 있다. 지구 전체로 생각해 보면 세계 각지의 기온과 강수량, 빙하 등 지표의 얼음량, 해류나 해수 온도 등은 여러 가지 타임 스케일로 변화한다. 이 중 기나긴 타임 스케일 관점에서의 변화가 기후변화다. 기후변화의 원인은 다음 두 종류로 나눠 생각할 수 있다.

하나는 태양 활동의 변화와 화산 분화에 따른 대기 중 미립자 증가와 같은 자연 현상이다. 다른 하나는 이산화탄소를 발생시키는 인간 활동이다. 지구 온난화의 공포란 인간 활동에 기인하는 근현대의 급속한 평균 기온 상승에 대한 두려움이다. 이 급속한 지구 온난화의 원인은 일반적으로 18세기에 영국에서 시작된 산업혁명 이후 인간 활동으로 온실효과 가스가 대기 중에 대량으로 방출되었기 때문이라고 추측된다.

온실효과 가스란 구체적으로는 이산화탄소와 메탄을 말하며 에너지 사용 등 문화적이면서 생산성 높은 인간 활동으로 대기 중 농도가 급속하게 상승하고 있다. 하지만 아직까지 인간 활동이 지구 온난화의 원인이라는 것에 동의하지 않는 사람들이 전 세계에 많이 존재한다는 사실에 주목해야 한다. 그들은 지구 온난화는 자연의 영향이 주된 원인이며 인간 활동의 영향은 매우 적다고 주장한다.

2007년에 전 미국 부통령 앨 고어와 함께 노벨평화상을 수상한 '기후변화에 관한 정부 간 협의체(IPCC)'는 2013~2014년에 5차 보고서를 발표했다. 이 보고서는 여러 가지 정밀 기후 모델을 사용한 분석을 통해 지구 온난화의 원인이 인간 활동에 기인한다는 사실을 명확하게 제시했다.

앨 고어(Al Gore)
(1948~)

또한 2018년 10월 '기후변화에 관한 정부 간 협의체'가 발표한 〈지구 온난화 1.5도 특별 보고서〉에서는 미래의 평균 기온 상승폭이 산업혁명 이전 수준보다 1.5도가 높아질 경우와 2도가 높아질 경우 그 영향에 엄청난 차이가 있으며, 앞으로 몇 년 안에 세계 각국이 지구 온난화를 막기 위해 무엇을 하느냐가 매우 중요

★ 세계 평균 기온 변화 ★

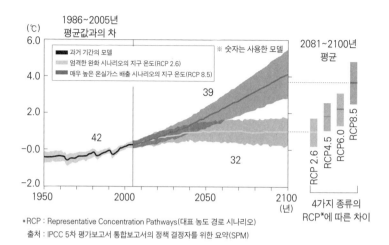

*RCP : Representative Concentration Pathways(대표 농도 경로 시나리오)
  출처 : IPCC 5차 평가보고서 통합보고서의 정책 결정자를 위한 요약(SPM)

하다는 점을 지적했다.

온난화의 공포에 분노를 외친 젊은 세대

2019년 9월 23일 미국 뉴욕에서 열린 국제연합(UN) 기후행동정상회의에서 스웨덴의 그레타 툰베리(당시 16세)가 지구 온난화에 대한 대처가 지연되는 상황에 대해 각국 리더를 앞에 두고 연설한 일은 아직도 기억에 생생하다. 지구 온난화 대책 마련을 촉구하기 위해 등교를 거부하고 스톡홀름의 국회의사당 앞에서 1인 시위를 시작한 그녀는 세계의 수많은 젊은이들에게 공감을 얻었다. 연설에 앞선 9월 20일에는 기후 위기의 심각성을 알리고 대응을 촉구하는 전 세계적 기후변화 시위가 163개국과 지역에서 이뤄졌다. 이처럼 특히 유럽의 젊은 세대를 중심으로 지금 당장 지구 온난화에 대응하기 바라는 사람들이 많아졌다. 그레타는 미국 〈타임〉지의 2019년 '올해의 인물'로도 선정되었다.

그레타 툰베리(Greta Thunberg)
(2003~)

　인류가 지금의 속도대로 이산화탄소를 계속 배출하면 가까운 미래에 어떤 공포가 찾아올까? 그럴 경우 2100년에는 지구 전체의 평균 기온이 2000년과 비교해 최대 4.9도나 상승할 것으로 예측된다. 일본 전역에서 한여름의 최고 기온이 매일 40도 이상이며 폭염이 두 달이나 이어질 것이다.

　그렇게 되면 열사병으로 인한 사망자는 연간 1만 5천 명을 넘을 것으로 추정된다. 실외 작업이 매우 위험한 나날이 지속되고 벼농사의 경우 혼슈에서는 너무 기온이 높아져 벼가 여물지 못하고 홋카이도만 주요 쌀 산지가 될 것이다. 해수면 상승으로 일본 열도를 완전히 뒤덮는 슈퍼 태풍이 자주 발생해 이미 2018년과 2019년에 겪었듯이 태풍에 따른 기상 재해가 일상적으로 일어날 것이다.

그뿐만이 아니다. 세계 각지에서 평균 해수면이 상승하여 이탈리아의 베네치아 등 대부분의 해안 도시와 세계 유산이 수몰될 수 있다. 대기 순환과 해류는 물론 생태계도 크게 달라질 것이다. 이런 이유로 앞에서 말했듯 어떻게든 2100년까지 기온 상승폭을 1.5도 이하로 억제하자는 것이 현재의 국제적인 목표가 되었다.

이런 상황에서 우리는 지금 구체적으로 어떤 행동을 해야 할까? 현대는 세계적인 관점과 사고방식이 필요한 시대다. 글로벌한 관점과 사고방식은 모든 일을 국가와 지역의 틀을 넘어 전 지구적 관점에서 바라보는 것을 의미한다. 국제연합은 2015년 지구 온난화 대책을 포함해 17가지 지속가능 발전 목표(Sustainable Development Goals: SDGs)를 발표했다. 이는 인류의 지속가능한 발전을 위한 국제사회의 공동목표이며 '인간, 지구 및 번영을 위한 행동 계획'이다. 17개 아이콘 중 13번째가 '기후변화에 구체적인 대책을 마련하자'는 행동 계획이다. 이 SDGs 행동 계획에는 17가지 목표 아래에 구체적인 실천방안 169가지가 마련되어 있다.

★ 세계를 바꾸기 위한 17가지 SDGs ★

SUSTAINABLE DEVELOPMENT G⚙ALS

1 빈곤 종식

2 기아 종식

3 건강과 웰빙

4 양질의 교육

5 성평등

6 깨끗한 물과 위생

7 지속가능한 에너지

8 좋은 일자리와 경제 성장

9 산업, 혁신과 인프라 구축

10 불평등 해소

11 지속 가능한 도시와 공동체

12 책임 있는 소비와 생산

13 기후변화 대응

14 해양 생태계 보호

15 육지 생태계 보호

16 평화, 정의, 강력한 제도

17 목표 달성을 위한 파트너십

★ SDGs의 13번째 항목 '기후변화 대응'의 구체적인 실천방안은 다음과 같다 ★

13.1 : 모든 국가에서 기후와 관련한 위험 및 자연재해에 대한 복원력과 적
응력을 강화한다.

13.2 : 기후변화에 대한 조치를 국가 정책, 전략, 계획에 통합한다.

13.3 : 기후변화 완화, 적응, 영향 감소, 조기 경보 등에 관한 교육, 인식 제
고, 인적 · 제도적 역량을 강화한다.

13.a : 기후변화 완화 조치와 이행의 투명성에 관한 개도국의 요구에 따라
유엔기후변화협약(UNFCCC) 선진 당사국이 공동으로 매년 1천억
달러를 동원하겠다는 목표를 2020년까지 완전히 이행하며, 가능
한 빠른 시일 내에 출자를 통해 녹색기후기금(GCF)을 본격적으로
운용한다.

13.b : 여성, 청년, 지역 공동체 및 소외된 공동체에 초점을 맞추는 것을 포
함해 최빈국과 군소도서개도국에서의 기후변화와 관련한 효과적
인 계획과 관리 역량 계발을 위한 메커니즘을 증진한다.

* UNFCCC가 기후변화에 대한 세계적 대응을 협의하는 각 정부 간 대화의 기본적 장임을 인식
한다.

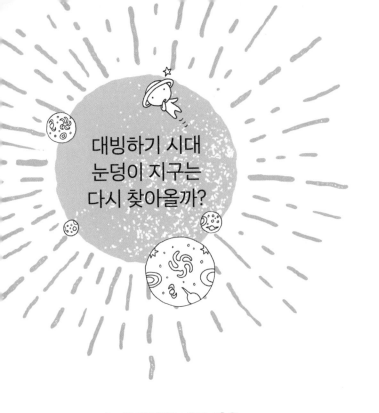

대빙하기 시대
눈덩이 지구는
다시 찾아올까?

앞에서 행성 지구에 사는 인류에게 앞으로 수백 년에 걸친 공포, 지구 온난화를 소개했다. 타임 스케일을 단번에 그 100배, 수만 년 규모로 확대해 보면 지구는 다시 한번 빙하기를 맞이할 수 있다는 또 다른 공포에 직면한다.

지구의 역사 46억 년 동안 지구는 따뜻해지거나 추워지기를 여러 번 반복해 왔다. 가장 차갑게 식었을 때는 해양 전체가 얼어붙는 상황, 즉 눈덩이 지구(Snowball Earth)도 경험했다. 특히 유명한 대빙하기는 선캄브리아 시대가 끝나기 약 7억 년 전에 일어난 빙하시대다. 이때 선캄브리아 시대의 생물이 대량으로 멸종했으며 그 후 '캄브리아기 대폭발'이라고 불리는 폭발적인 생물 진화를 가져왔다고 추측된다.

눈덩이 상태가 된 지구는 하얀 얼음으로 뒤덮이기 때문에 태양광의 반사율이 높아지고 한랭화가 더욱 진행된다. 그러나 대기 중에는 지구 내부에서 화산 활동으로 발생한 이산화탄소가 증가하여 온실효과를 가져오고 표면 온도가 상승해 얼어붙은 환경에서 회복되었을 것이다.

지구는 다시 한번 눈덩이 상태가 될까?

예측할 수 없는 상황을 꿋꿋이 살아가기 위해

지구 역사에서 최근 100만 년 동안은 신생대 4기의 빙하시대로 평가된다. 이 시기는 인류가 탄생하고 그 생활권을 확장시킨 시대이기도 하지만, 지구 기후의 한랭화와 온난화가 번갈아 일어난 자연 환경 변화가 극심한 시대이기도 했다. 100만 년 동안 네 번의 빙하기와 그 사이의 비교적 따뜻한 간빙기가 약 4만 년에서 약 10만 년마다 반복되었다. 현재는 최종 빙하기가 끝난 지 약 2만 년 정도가 경과한 간빙기에 해당한다. 즉 지구는 다시 한번 한랭해질 가능성이 있다는 뜻이다.

하지만 빙하기와 간빙기의 사이클이 왜 일어나는지 아직 밝혀

★ 지구 표면의 기온 변화를 다양한 타임 스케일로 본 그림 ★

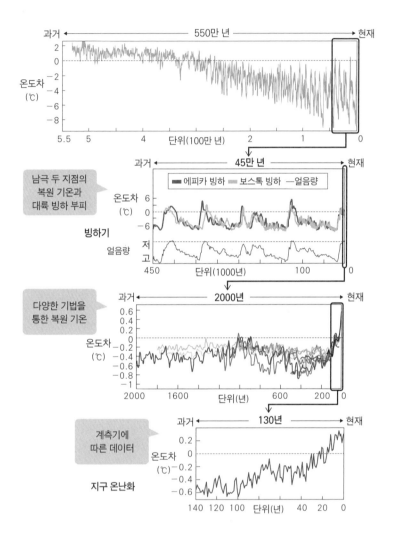

남극 두 지점의
복원 기온과
대륙 빙하 부피

다양한 기법을
통한 복원 기온

계측기에
따른 데이터

지구 온난화

지지 않았다. 따라서 앞으로 빙하기가 되지 않을 수도 있다. 현재로서는 빙하기 중에서도 대단히 추운 대빙하기 시대가 되느냐 마느냐는 전혀 알 수 없다는 얘기다.

4기 마지막 빙하기의 가장 추운 시기는 세계의 평균 기온이 현재보다 약 10도가 낮았던 모양이다. 예를 들면 현재 일본 도쿄의 연평균 기온이 16도 전후이므로 당시에는 연평균 기온이 6도 정도였다는 말이다. 이는 현재의 홋카이도 구시로시의 기온에 해당한다. 한편 구시로시는 그 시대에 평균 기온이 영하 4도이므로 현재의 그린란드와 비슷한 추위였다.

나는 정부의 여러 장관으로부터 지구가 온난화할 것인지, 한랭화할 것인지에 관해 의견을 구하는 질문을 받았었다. 온난화의 타임 스케일과 한랭화의 타임 스케일은 100배나 다르므로 장관뿐만 아니라 누구든지 주의를 기울여야 한다. 하지만 지구 전체의 기후변화는 인간의 지혜를 뛰어넘는 차원의 문제이므로 정확한 기후 예측이 매우 어려운 것이 사실이다.

하늘에 별이
보이지 않게 되는
공포

🧑‍🚀 **전 세계에서 진행되는 빛 공해의 실상**

도시에 살면 별을 볼 기회가 거의 없다. 별똥별을 본 적도, 은하수를 본 적도 없다는 아이들이 많지 않은가?

몇 년 전 실시한 조사에서 '태양이 저무는 방향은 어느 쪽입니까?'라는 질문에 대해 도시에 사는 아이일수록 정확하게 대답하지 못한다는 사실이 드러났다. 즉 실제로 체험해 보지 않으면 흥미를 느끼지 못해 당연히 이해가 더딜 수밖에 없다.

인공위성처럼 지구 밖에서 지구를 바라보면 태양 빛이 닿지 않는 밤에도 사람이 사는 위치를 가늠할 수 있다. 현재 인공위성에서 바라본 지구의 모습은 비참하다고 할 만한 상황이다. 지구는 밤에도 무수히 많은 빛에너지를 우주 공간에 쓸데없이 방출하고 있다. 뉴욕과 런던, 도쿄와 상하이, 서울 같은 대도시뿐만이 아니라 고속 철도나 고속도로를 따라 곳곳에서 자동차와 가로등이 반짝인다.

SDGs에서도 에너지 낭비를 멈추자고 호소하는데 지상에서 하늘로 아무 쓸모 없이 방출되는 빛은 '빛 공해'로 불릴 만큼 심각한 공해를 일으킨다. 이러한 인공의 빛이 천체 관측이나 별자리 학습 등 과학 교육에 미치는 영향도 걱정스럽지만 동식물에 주는 악영향이 더 큰 문제다. 이를테면 알에서 부화한 새끼 바다거북이 해변의 가로등을 달빛으로 착각하는 사례나 편의점과 골프장 주위의 논밭에서 농작물의 성장이 저해되는 현상 등이 보고되고 있다. 하물며 인간 생활에서도 발광 다이오드의 보랏빛에서 파란 파장의 빛이 수면 장애를 일으킨다는 연구 결과도 있다.

이렇듯 단순히 아름다운 별을 즐기고 싶다는 천문학자나 천문 애호가의 주장 때문만이 아니라 에너지 절약과 인간과 다른 동식물의 생태계에 대한 영향을 줄이자는 관점에서도 빛 공해는 대책이 요구되는 사회 현상 중 하나다.

네온사인이나 서치라이트 사용하지 않기, 가로등에 갓을 달아 하늘로 빛 방출하지 않기 등 빛 공해 방지 조례를 제정한 지방자

치단체도 있다.

예를 들면 일본 오카야마현 이바라시 비세이초에서는 1989년 별이 보이는 환경을 지키기 위해 일본 최초의 빛 공해 방지 조례를 제정했다. 지금으로부터 30여 년 전에 시작한 공해 줄이기 대책이다. '아름다운 별'이라는 뜻을 가진 비세이의 한자 표기 美星 그대로 멋진 별하늘이 매력적인 마을이며 구경 101센티미터의 반사 망원경을 갖춘 비세이 천문대와 일본우주항공연구개발기구 비세이 스페이스가드센터 등의 천체관측 시설이 모여 있다.

빛 공해 대처 작업은 해외에서도 진행되고 있다. 그중 국제다크스카이협회(IDA)가 큰 역할을 해냈다. 국제다크스카이협회는 빛 공해 방지를 위해서 다양한 활동을 벌이는데 일례로 별하늘 보호구역 지정을 들 수 있다. 유네스코가 인정하는 세계 유산에 자연유산과 문화유산이 있다. 빛 공해 없는 별하늘은 전 세계 어디에서든지 보호되어야 하는 대상이지만 현재 유네스코의 방침으로는 멋진 별하늘 환경은 세계 유산의 대상이 아니다.

그래서 유네스코를 대신해 국제다크스카이협회가 국제천문연맹(IAU)과 협력하여 세계 각지의 별하늘 보호 운동 및 그 경관을 지켜야 하는 지역을 지정하고 있다. 2020년 현재 별하늘 보호구역으로 지정된 일본 지역은 이리오모테이시가키 국립공원(오키나와현)뿐이다. 하지만 빛 공해 방지에 대한 요구가 커짐에 따라 앞으로 더 늘어날 것으로 기대된다.

일본에서는 2018년에 우주 투어리즘 추진협의회가 설립되었고 천문관광(astrotourism)이 주목받고 있다. 천문관광이란 천체(별)를 보는 여행, 일식 같은 천문 현상을 보는 여행, 스바루 망원경 등 천체관측 시설 및 천문대를 방문하는 여행 등을 통틀어 부르는 말이다.

해외에서는 하와이의 마우나케아산, 칠레의 아타카마 사막, 대서양의 카나리아제도, 뉴질랜드의 테카포 호수, 아프리카의 나미브 사막(나미비아) 등에서 천문관광이 성행하고 있다. 대부분이 별하늘 보호구역으로 인정받아 조례 제정을 통해 무익한 빛 방출을 규제한다. 이렇게 최근에는 멋진 별하늘을 지키고 즐기는 성숙한 문화가 정착되고 있다.

인류를 치유하는 천문관광

나도 예전에 별을 올려다보며 심란한 마음을 가라앉힌 적이 여러 번 있다. 특히 젊었을 때는 더욱 그랬다. 꿈이 깨지거나 실연당했을 때 위로해 주는 것은 언제나 별이 뜬 하늘이었다. 한편으로 연인이나 친한 친구, 가족과 함께 하늘에 가득한 별을 올려다보며 매우 행복한 기분을 누린 적도 꽤 있다. 혼자서 별과 마주하며 자신의 과거 또는 미래와 대화하는 시간이나 별이 총

★ 공중, 우주, 하늘의 개념도 ★

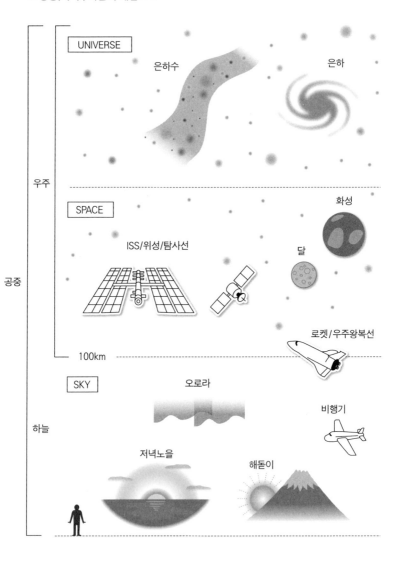

총히 뜬 하늘 아래서 잠도 잊은 채 친구와 대화하며 서로 공감하는 시간 등 그 어느 때나 별은 현대를 살아가는 우리에게 마치 고향과 같은 소중한 존재나 다름없다.

천문관광은 자기 자신이나 다른 사람과 대화하는 멋진 시간을 제공해 준다. 이 여행에 참가해서 별이 뜬 하늘을 보며 힐링을 얻는 사람도 많은 듯하다. 현재 많은 나라에서 저출산, 고령화가 진행되고 도시에 인구가 집중되고 지방에서는 일손이 부족해 극도로 지친 상태다. 별이 아름다운 시골에 사람이 찾아오면 지역 주민들과의 교류도 기대할 수 있으며 무엇보다 지역에 경제적 수익이 생긴다. 천문관광은 여행자나 지역 주민, 교통수단이나 관광업에 종사하는 사람 모두가 행복해질 수 있는 방안일 뿐만 아니라 자연의 소중함과 빛 공해로 인한 에너지 낭비의 심각성을 깨달을 수 있는 좋은 기회다. 나아가 SDGs의 실현에도 조금이나마 기여할 수 있을 것으로 기대된다.

인공위성이 하늘을 가득 뒤덮는다?

한편 앞으로는 어디에 살든 어디로 여행을 하든 자연의 아름다운 별을 즐기지 못하게 될 가능성이 제기되고 있다. 그 이유는 인공위성이 하늘을 가득 뒤덮는 공포 때문이다.

1957년에 구소련이 발사한 스푸트니크 1호 이후 약 60년 사이에 인류는 8천 대가 넘는 인공위성을 쏘아 올렸다. 현재도 수많은 종류의 인공위성, 이를테면 군사위성, 통신위성, 방송위성, 지구관측위성, 기상위성 등이 지구를 에워싸고 있다. 위성을 발사하지 않은 나라에서는 군사위성을 쏜 나라가 무슨 목적과 성능으로 어떤 정보를 축적하고 있는지 알 수 없기 때문에 그 위협은 심상치 않다. 여기서 특히 지적하고 싶은 점은 통신위성의 폭발적인 증가가 예정되어 있다는 점이다.

현대인의 생활은 스마트폰과 인터넷 등 통신 없이는 불가능한 상황이다. 이런 가운데 민간 기업에서는 좀 더 속도가 빠르면서도 지구 어디에 있어도 통신 격차가 발생하지 않도록 막대한 수의 인터넷 통신 서비스용 통신위성을 쏘아 올리려고 한다.

구글을 비롯해 여러 인터넷 관련 기업이 독자적으로 계획을 진행하고 있는데 그중에서도 특히 일론 머스크가 거느리는 미국의 스페이스 엑스사가 수많은 통신위성을 발사해 왔다. 스페이스 엑스사는 스타링크 프로젝트를 통해 총 1만 2천 대의 소형 통신위성을 팔콘9 로켓에 실어 쏘아 올릴 예정이다.

이 계획은 이미 시작되었고 2019년 5월 24일에는 먼저 스타링크 위성 60대가 처음으로 출진했다. 이 스타링크 위성들은 2등성에서 8등성의 밝기로 하늘을 가로지른다. 밤하늘을 올려다보면 수많은 인공위성에서 발산하는 빛으로 별하늘은 엉망이 될

★ 사진 1_ 밤하늘을 가리는 인공위성 ★

것이다.

일반적으로 인공위성은 해가 지는 저녁이나 동이 틀 무렵의 밤하늘에서 태양광을 반사해 빛나며 비행기처럼 이동한다. 비행기는 날개가 점멸하지만 인공위성은 보통 점멸하지 않고 별똥별처럼 천천히 별하늘을 이동한다. 그 때문에 이대로 인공위성이 계속 늘어나면 천체 관측에 지장을 줄 뿐만 아니라 별하늘을 즐기는 문화와 권리까지도 빼앗길지 모른다.

달이 떨어진다?
아니, 달은 계속
떨어지고 있다!

지구와 가장 가까운 천체 달

달은 지구의 유일한 위성이다. 낮의 태양을 양이라고 하면 어둠 속의 달은 음이다. 이 두 별만 하늘에서 점이 아닌 면적을 가진 별로 인식할 수 있다. 일월화수목금토를 일주일의 요일 이름으로 붙인 이유는 음양의 두 천체와 예로부터 육안으로 관찰한 수성·금성·화성·목성·토성의 5대 행성 때문이다. 또한 만물은 화·수·목·금·토라는 원소 5종으로 이루어진다는 중국의 오행설에서 행성의 이름을 따왔다.

지구에서 달까지의 거리는 평균 38만 킬로미터다. 이는 지구

30개를 옆으로 나란히 늘어놓은 거리다. 그러나 달의 궤도가 원이 아니라 원에 가까운 타원이라는 점 때문에 거리가 가까울 때는 지구 28개, 거리가 멀 때는 지구 32개 정도의 차이가 생긴다. 지구에서 가까운 위치일 때 보름달이 뜨면 슈퍼문으로 불리기도 한다. 슈퍼문은 천문용어는 아니지만 그해 가장 큰 보름달을 가리킬 때 쓰인다.

달이 타원 궤도로 공전하므로 지구로부터 늘 같은 거리에 있는 것은 아니다. 이로 인해 일식 관측 때에도 차이가 생긴다. 개기일식은 그믐달이 태양 앞을 가로지를 때 태양 본체를 완전히 가려버리는 현상으로, 달이 지구에서 가까운 경우 겉보기 크기가 태양보다 커서 태양을 덮게 된다. 한편 달의 위치가 지구와 먼 경우에는 겉보기 크기가 작아지므로 태양 전체를 덮지 못해서 주변에 고리 모양이 생기는 금환식(金環蝕) 또는 금환일식이 일어난다.

현재까지는 개기일식이 일어나는 횟수가 금환일식보다 많았지만 오랜 세월 동안 점점 금환일식이 늘어나서 먼 미래에는 개기일식을 즐기지 못하게 될 것이다. 그 이유는 달이 서서히 지구에서 멀어지기 때문이다. 현재 달은 연간 4센티미터 정도씩 바깥쪽 궤도로 이동하고 있다. 그 말은 이전에는 달이 지구에 아주 가까웠다는 뜻이기도 하다. 현재 달이 지구 한 바퀴를 도는 공전 주기는 27.3일인데 그게 고작 4일 정도인 시기도 있었던 듯하다.

이런 일들은 달의 탄생 비밀과 큰 관계가 있어 보인다.

 ## 달을 탄생시킨 대충돌

　지구는 46억 년 전에 태양계의 원시 태양계 원반을 형성한 가스와 먼지가 모여 만들어졌다.

　그때 지구의 궤도와 교차하는 궤도에 화성 크기(지구 지름의 절반 정도)의 원시 행성이 존재했다. 머지않아 이 두 천체는 충돌한다. 이것이 대충돌(자이언트 임팩트)이다.

　지구와 충돌해서 산산조각이 난 천체는 지구 둘레를 공전하며 급속히 성장해서 하나의 덩어리로 되돌아간다. 이렇게 해서 지구를 공전하는 달이 탄생했다.

★ 대충돌에 따른 달의 탄생 ★

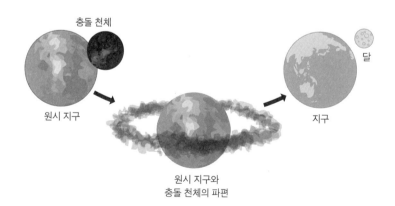

이때 달은 지구와 매우 가까운 곳을 굉장히 빠른 속도로 공전했다. 천체 사이가 가까우면 조석력이 작용하여 마치 점성처럼 달에 달라붙는다. 이 때문에 달은 자전이 느려져서 지구를 도는 공전 주기와 자전 주기가 일치하는 상태가 된다. 이를 조석 고정이라고 한다.

또한 달의 공전을 늦추는 방향으로 조석력이 작용하므로 공전이 느려지는 동시에 공전 궤도가 바깥쪽으로 이동한다. 공전이 너무 빠르면 튀어 나가고 너무 느리면 지구로 떨어지므로 두 천체 사이의 거리는 그 공전 속도와 연동해서 안정적으로 조정된다. 지금도 조석력이 작용하고 있기 때문에 달은 점점 바깥쪽으로 이동한다는 뜻이다.

달 덕분에 존재하는 지구의 사계절

뉴턴은 땅에 떨어지는 사과를 보고 만유인력을 발견할 수 있었지만 달은 사과처럼 떨어지지 않는다. 어째서일까? 그 이유는 달이 지구 둘레를 계속 공전하기 때문이다. 바꿔 말하면 지구 쪽으로 늘 떨어지고 있기 때문이다.

아무리 떨어지고 떨어져도 공전하는 달의 입장에서 보면 지구에는 도달할 수 없다. 이는 인력과 원심력이 조화를 이룬다고 설명해도 좋고 달은 관성의 법칙에 따라 계속 지구에 떨어지고 있다고 설명해도 좋다.

아이작 뉴턴(Isaac Newton)
(1643~1727)

달이 없었다면 현재를 살고 있는 우리에게 과연 어떤 일이 일어났을까? 먼저 사계절의 변화를 경험하지 못했을 것이다. 지구의 지축은 지구가 공전하는 극에 대해 23.4도 정도 기울어져 있다. 이렇게 기울어진 것은 달의 대충돌이 원인이라고 생각하는 과학자도 있다. 그렇다면 지구는 지축의 기울기로 생기는 사계절의 변화가 없는 무채색의 별이었을지도 모른다.

이는 동물과 곤충 모두에게 영향을 주는데 철새나 박쥐, 나비 등에게 대륙과 대륙을 이동하는 습성이 길러지지 않아 현재와 같은 생명력 넘치는 지구 환경은 만들어지지 않았을 것이다. 추운 극지는 지금보다 훨씬 더 춥고 더운 적도 부근은 지금보다 훨씬 더운 상태가 된다.

또한 달과의 조석 결과 자전 속도가 느려진 것은 달뿐만이 아니라 지구도 마찬가지다. 달이 없으면 지표에는 고속풍이 일어나무나 사람들이 제대로 설 수 없을 정도의 큰바람이 끊임없이 불지도 모른다.

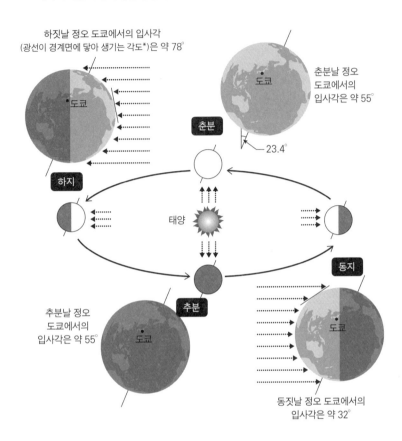

하짓날 정오 도쿄에서의 입사각
(광선이 경계면에 닿아 생기는 각도*)은 약 78°

춘분날 정오
도쿄에서의
입사각은 약 55°

23.4°

춘분

하지

태양

추분날 정오
도쿄에서의
입사각은 약 55°

추분

동지

동짓날 정오 도쿄에서의
입사각은 약 32°

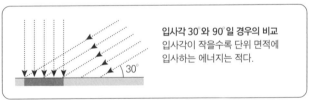

30°

입사각 30°와 90°일 경우의 비교
입사각이 작을수록 단위 면적에
입사하는 에너지는 적다.

달이 차고 이지러지는 주기는 29.5일이다. 이 주기에 영향을 받아서 생활하는 동식물도 많다. 특히 바다 생물, 산호나 바다거북의 산란은 월령과 관계가 있다. 한편 늑대인간의 전설처럼 육지 생물 또한 달이 차고 이지러지는 현상과 관계가 없지 않다. 아프리카 사바나에서 관찰하면 보름달 전후, 즉 달빛이 밝을 때일수록 사자가 사냥에 성공한다고 한다. 확실히 보름달이 뜨는 밤은 일부 동물들에게는 위험한 반면, 어떤 동물들에게는 늑대인간으로 변신하는 순간이 되기도 한다.

Part 2

우주는
위험으로 가득 차 있다

－항성과 은하 세계의 공포

도대체 우주는
왜 무서울까?

예로부터 우주를 두려워한 인간

사람은 왜 우주를 무서워할까? 먼저 별을 바라볼 때 느끼는 공포에 대해 생각해 보자. 하늘에 가득한 별들을 보며 그 아름다움에 감동하는 사람이 있는 반면, 별이 뜬 하늘을 무섭게 느끼는 사람도 꽤 있는 모양이다.

하늘에서 별이 떨어지지 않을까 염려하는 사람이 있는가 하면 광대한 우주가 자신을 집어삼킬까 봐 무서워하는 사람도 있다. 천문학을 알면 적어도 그런 걱정은 없겠지만 인적이 없는 곳에서 홀로 밤하늘을 계속 바라볼 때 본능적으로 느끼는 어둠에 대한 공포는 완전히 사라지지 않을 것이다. 잘 생각해 보면 별이 뜬 하늘이 무서운 것이 아니라 지상의 어둠이 무서운 것이다.

Part 1에서는 지구와 그 주위에 있는 가까운 우주, 즉 '스페이스(Space)'에 관해 설명했다. 지구는 다른 행성이나 소행성, 혜성 등과 함께 태양의 둘레를 돌고 있다.

현재 인류는 지구의 유일한 위성인 달에 다시 한번 가려고 시도하는 중이며 이웃 행성인 화성에 갈 계획도 추진하고 있다. 1957년에 스푸트니크 1호가 우주에 간 이후 수많은 인공위성이 지구 대기권 밖에서 활동해 왔다. 20세기 말부터는 상공 400킬로미터의 우주에서 우주인들이 국제우주정거장에 늘 체류하고 있다.

태양이나 행성 그리고 소행성과 혜성의 탐사는 1960년대부터 무인 탐사기를 이용해 실시되었다. 분명 태양계는 우리의 활동 영역이며 앞으로도 우주 개발과 우주 탐사는 꾸준히 진행될 것이다.

우주에 대한 공포는 진공과 무중력에서 온다. 즉 지상과 압도적으로 다른 환경 탓에 자신의 생존에 위협적인 공포를 느낀다. 특히 우주복 없이 우주에 내던져진 것을 상상하기만 해도 질식할 것 같은 공포를 느낀다. 그 밖에 몸이 생각처럼 움직이지 않는 공포, 공기가 없어서 소리가 전달되지 않고 목소리도 통하지 않는 무음에 대한 공포, 태양 방사 특히 자외선 피폭의 공포, 우주선 피폭의 공포 등 온갖 공포를 느낀다. 또한 우주로 가는 거대한 로켓의 안전성에 대한 공포도 있다. 그래서 우리는 수많은 어려움에 직면할 용기 있는 우주비행사를 동경하며 그들을 응원하는 게 아닐까?

광활한 우주의 공포

2부에서는 똑같은 우주라도 '유니버스(Universe)'에 있는 무서운 천체와 현상을 소개하려고 한다.

지구는 태양계의 세 번째 행성이고 태양계는 지름 10만 광년을 넘는 거대한 별의 집단, 즉 은하계에 속한다. 1광년은 빛이 진공 속을 1년 동안 나아갈 수 있는 거리로 약 9조 5천억 킬로미터나 된다. 광활한 태양계의 끝에 있다고 알려진 오르트구름까지의 거리가 1광년 미만이지만, 은하수로 불리는 우리은하(은하계)의 크기는 지름이 10만 광년 이상이다.

우리은하는 우주에서 표준적인 크기의 은하이며 절대로 다른 것보다 특별히 큰 것은 아니다. 우리은하 안에는 태양처럼 핵융합을 통해 스스로 빛나는 별(항성)이 약 4천억 개 있는 것으로 예상된다. 그 둘레를 공전하는 태양계 밖의 행성도 비슷한 개수가 존재할 것이다.

★ 광활한 우주 공간 ★

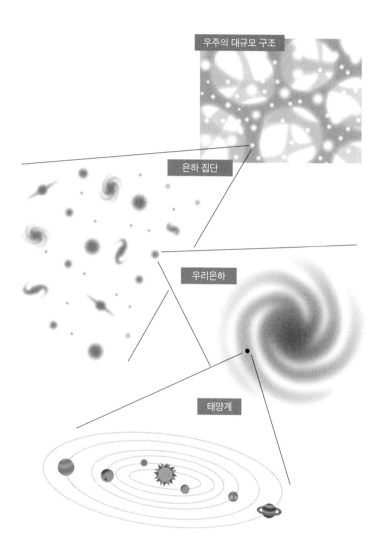

우주의 대규모 구조

은하 집단

우리은하

태양계

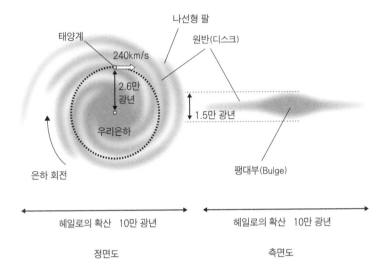

★ 우리은하 ★

나선형 팔

태양계

240km/s

원반(디스크)

2.6만
광년

1.5만 광년

우리은하

팽대부(Bulge)

은하 회전

헤일로의 확산　10만 광년

헤일로의 확산　10만 광년

정면도

측면도

　우리은하는 평평하며 소용돌이치는 구조를 띤다. 나선은하라
고 불리는 은하 중 하나다. 우주는 은하로 이루어져 있다. 우리의
몸을 구성하는 기본 단위가 각각의 세포인 것과 마찬가지로 우
주는 수천억 개가 넘는 은하의 집합체다. 우리가 사는 우주는 지
금으로부터 138억 년 전에 빅뱅으로 탄생했으며 지금도 계속 팽
창하고 있다. 이론적으로 우리는 138억 광년 거리에 있는 우주의
끝을 볼 수 있는데 그 모습이 빅뱅 직후 탄생한 우주다.
　여기까지만 읽고도 우주의 광활함에 두려움을 느끼는 사람
이 있을 것이다. 사람들이 무서운 정도까지는 아니더라도 '우주

가 좋아지지 않는다', '우주에 대해 모르니 더 섬뜩하다'라고 말하는 이유는 지금 설명한 우주 전체의 구조나 구성 요소와 우리가 사는 지구와의 관계를 명확하게 이해하지 못했기 때문인 경우가 대부분이다.

Part 2에서는 우주에 존재하는 다양한 천체 현상을 소개해 우주에 대한 공포와 섬뜩함을 조금이라도 없애 보겠다. 또한 Part 3에서는 우주 전체의 역사와 미래, 즉 우주론의 세계를 소개하기로 하겠다.

블랙홀에
접근하면?

섬뜩한 블랙홀은 의문투성이

블랙홀은 일반인들에게 가장 신비하고 섬뜩한 천체라고
할 수 있다. 우주에 실재하는 버젓한 천체지만 이름에서 풍기는
이미지가 너무 강렬한 탓인지 우주에 있는 이 '검은 구멍'은 사람
들의 상상력을 자극한다.

블랙홀은 중력이 너무 강해서 빛도 집어삼키는 신비한 천체다.
1915년에 아인슈타인이 발표한 일반상대성이론이 발상의 계기
였는데 그 이듬해 독일의 과학자 카를 슈바르츠실트가 그 존재
를 예언했다. 블랙홀은 이미 이 우주 안에서 많이 발견되었는데

알베르트 아인슈타인
(Albert Einstein)
(1879~1955)

카를 슈바르츠실트
(Karl Schwarzschild)
(1873~1916)

크게 두 종류가 있다는 것을 먼저 소개하고 싶다.

하나는 밤하늘에 빛나는 항성 중 초신성 폭발 후 남은 잔해가 태양보다 30배 이상 더 무거워져서 생성되는 일반적인 블랙홀이다. 백조자리 X-1이 대표적인 예다. 이런 블랙홀이 생기는 이유는 항성의 진화에 관한 연구를 통해서 이미 대략적으로 알려졌다. 뒤에서 자세히 소개하겠다.

한편 또 다른 블랙홀은 의문투성이다. 은하의 중심에 수수께끼로 가득 찬 초대질량의 블랙홀이 발견되고 있다.

★ 카를 슈바르츠실트가 증명한 블랙홀 모델 ★

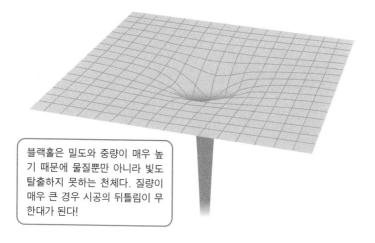

블랙홀은 밀도와 중량이 매우 높기 때문에 물질뿐만 아니라 빛도 탈출하지 못하는 천체다. 질량이 매우 큰 경우 시공의 뒤틀림이 무한대가 된다!

초대질량 블랙홀의 그림자 촬영에 성공

2019년 4월 10일 역사적인 기자회견이 열렸다. 세계 6개 국에서 동시에 열린 기자회견이었다. 국제공동연구그룹 '이벤트 호라이즌 텔레스코프(EHT)'가 세계 최초로 은하 중심에 있는 초대질량 블랙홀의 그림자 촬영에 성공했다는 내용이었다. 사상 처음으로 블랙홀을 둘러싼 광자구의 모습이 발표되었다. 전 세계에서 다음 날 신문 1면은 이 뉴스가 차지했다. 천문학 뉴스가 이 정도로 많은 주목을 받은 것은 2016년 2월 블랙홀끼리 합체해서 사상 최초로 우주에서의 중력파를 확인했다는 뉴스 이후 두 번째였다.

이때 공개된 영상은 블랙홀 자체가 아니다. 인류가 처음으로 목격한 블랙홀의 그림자(주위를 둘러싼 광자구)의 모습이었다. 촬영된 블랙홀은 처녀자리 은하단에 속한 지구에서 5,500만 광년 떨어진 거대 타원 은하 M87의 중심에 있다. 이 블랙홀은 M87의 중심에서 분출되는 강렬한 제트의 존재로 이미 유명했다. 하지만 광자구를 확인한 것은 사상 최초의 쾌거였다. 또 촬영된 블랙홀의 그림자를 해석해서 이 블랙홀이 태양 질량의 약 65억 배나 된다는 사실을 알아냈다.

M87이라고 하면 생소하지만 M78성운이라면 들어본 적이 있을 것이다. 그렇다. 〈울트라맨(1966~1967년 방영된 일본의 특수 촬

영 TV 프로그램의 이름))'의 고향이다. SF 이야기이기는 하지만 울트라맨은 한때 인기를 끈 영웅 캐릭터다. 이 SF를 구상한 쓰부라야 프로덕션의 홍보 직원에게 확인해 보니 울트라맨의 고향은 원래 처녀자리 은하단의 대장, 당시부터 그 거대함을 알았던 M87로 정했다고 한다. 그런데 시나리오를 잘못 베끼는 등 우연한 일이 겹치면서 숫자가 뒤집혀 M78이 되었다고 한다. M87은 우리가 사는 우리은하의 이웃 은하인 안드로메다은하(M31) 등과 비교해도 매우 거대한 별의 집단이기 때문에 당시 블랙홀의 그림자를 촬영할 수 있었다.

이벤트 호라이즌 텔레스코프 연구팀은 블랙홀의 '사건의 지평선(event horizon, 빛이 나올 수 없는 블랙홀의 끝)'을 확인하고자 야심 찬 연구에 참가한 약 200여 명의 연구자 집단이다. 그들은 2017년 파장 1.3밀리미터라는 밀리미터파의 전파를 이용해서 약 열흘 동안 세계의 전파 망원경 8개를 동시에 조작하여 블랙홀의 그림자를 촬영하는 데 성공했다. 이 관측 데이터를 자세히 분석한 결과를 2년 후인 2019년 4월에 발표했다.

관측에 사용된 8개의 전파 망원경은 남극, 칠레(알마 망원경 등), 애리조나, 멕시코, 스페인, 하와이 등 지구 전체에 분포했다. 8개의 전파 망원경 렌즈가 피사체를 식별할 수 있는 능력은 달 표면에 놓은 야구공을 지구에서 관찰할 수 있는 정도이며 인간의 시력으로 치면 300만 정도로 상상조차 할 수 없는 수치다. 지금까지 블랙홀을 촬영하지 못한 이유는 알마 망원경이 참여하지 않았기 때문인데 2017년 알마 망원경이 촬영에 참가하며 그 집광력이 월등히 좋아졌다.

이 EHT를 이용해 우리가 사는 우리은하의 중심에 있는 태양 물질의 400만 배로 예상되는 초대질량 블랙홀을 촬영하는 날이 임박했다는 생각이 든다. 지금도 연구는 계속되고 있으며 우리은하 중심의 블랙홀의 그림자가 발표되는 날도 머지않았을지 모른다(2022년 5월 12일 우리은하 중심부의 블랙홀 사진이 언론에 발표되었다*). 또 EHT 팀은 M104의 중심과 전파은하 센타우루스자리의 중심에 있는 블랙홀도 관측하고 있다.

우리은하에도 존재하는 초대질량 블랙홀

2019년의 촬영 이미지에 블랙홀 자체가 찍힌 것은 아니라는 점에 주의하자. 사진에 나타난 밝은 부분(광자구)보다 더 안쪽, 반지름의 약 5분의 1 정도가 사건의 지평선이며 그 내부가 블랙홀로 생각된다. 사건의 지평선은 블랙홀의 표면이다(블랙홀 중심에서 사건의 지평선까지의 거리를 슈바르츠실트 반지름이라고 부른다*).

전파 관측을 통해 블랙홀을 에워싼 듯한 광자구가 발견된 것은 블랙홀에 접근한 전자파 중 빨려 들어가기 직전의 전자파가 블랙홀의 강력한 중력으로 인해 진행 방향이 왜곡되어 지구를 향하는 광자의 덩어리로 간주되기 때문이다. 광자구는 블랙홀 반지름의 5배 정도 되는 곳에서 효율적으로 구부러진 빛이 모이므로 구면 껍질 모양으로 블랙홀을 에워싸 광자구가 된다.

은하 중심에 있는 초대질량 블랙홀의 광자구가 촬영된 것은 이때가 처음이다. 그런데 블랙홀의 존재는 다양한 방법으로 이미 확인되었다. 이를테면 전파 망원경을 이용한 은하 중심의 회전 운동 해석이다. 이 블랙홀의 발견은 일본 국립천문대 노베야마 우주전파관측소에 1982년에 설치된 구경 45미터의 밀리미터파 전파 망원경의 크나큰 성과 중 하나다. 이 45미터 전파 망원경을 이용해 국립천문대의 미요시 마코토, 나카이 나오마사, 이노우에 마코토가 1995년 2,300만 광년 거리에 있는 나선은하 M106의 중심에서 태양 질량의 3,900만 배나 되는 질량을 가진 초대질량 블랙홀을 발견했다. 이는 우리은하를 제외하면 먼 곳에 있는 은하 중심핵의 초대질량 블랙홀을 최초로 발견한 사건이었다.

미요시 연구팀은 M106의 중심 부분을 자세히 관측해 원래 물 메이저(Water Maser, 물 분자의 기복 상태가 반전 분포할 때 나오는 강한 방사. 별 생성 영역이나 활동적인 은하의 중심핵 부근에서 검출됨)의 휘선(스펙트럼의 밝게 빛나는 선) 위치에서 거의 균등하게 떨어진

★ 이벤트 호라이즌 텔레스코프의 배치도 ★

유럽국제전파천문학연구소(IRAM) 30m 망원경
스페인 피코벨레타

서브밀리미터 망원경
애리조나 그레이엄산

제임스 클러크 맥스웰 망원경
하와이 마우나케아

대형 밀리미터파 망원경 멕시코 시에라네그라

서브밀리미터 전파 간섭계
하와이 마우나케아

알마 망원경
칠레 아타카마 사막

아타카마 패스파인더
칠레 아타카마 사막

남극점 망원경
남극점 기지

JCMT
SMA
SMT
LMT
30-M
ALMA
APEX
SPT

2017년 관측

(출처 : EHT Collaboration), https://www.nao.ac.jp/news./sp/20190410-eht/images.html)

두 전파의 정점을 발견했다. 이는 이 은하 중심이 초고속으로 회전해서 생기는 도플러 효과에 따른 휘선의 오차였다. 은하 중심의 회전 속도에서 중심에 있는 물체의 무게를 케플러 제3법칙에 따라 구할 수 있으며 회전을 일으키는 이 물체가 블랙홀이라는 사실을 알아냈다. 똑같은 방법으로 우리가 사는 우리은하 중심에도 태양 질량의 400만 배나 되는 초대질량 블랙홀의 존재가 확인되었다.

블랙홀에 접근하면 어떻게 될까?

이제 일반 크기의 블랙홀에 대해 알아보자. 태양 질량의 30배가 넘는 항성의 마지막 모습인 블랙홀에 관한 이야기다. 어떻게 모든 빛도 집어삼키는 블랙홀을 발견했을까?

이 블랙홀을 발견할 수 있었던 이유는 1971~1972년에 우연히 관측된 백조자리 X-1이 블랙홀을 포함하는 쌍성이었기 때문이다. 쌍성이란 두 항성이 서로의 둘레를 회전하는 한 쌍의 항성을 말한다. 우주에는 태양과 같은 단독 항성은 오히려 드물고 쌍성이 더 많이 존재하는 것으로 밝혀졌다. 따라서 쌍성은 결코 특별한 존재가 아니다.

우주에서의 X선은 지구 대기에서 흡수되므로 X선 천문학에서는 우주망원경이 필요하다. 1970년대 초 X선의 우주망원경으로 온 하늘을 관측했을 때 백조자리에서 강력한 소형의 X선원(線源)을 발견했다. 이를 그 별자리에서 가장 강력한 X선원이라고 하여 백조자리 X-1이라는 이름이 붙었다. 그 후 자세히 조사해 보니 X선원의 위치에는 항성이 있고 그 항성이 보이지 않는 천체의 둘레를 공전하며 X선을 방출했다. 천문학자들은 이 보이지 않는 쌍성은 블랙홀이 분명하다고 추정했다. 지구에서 약 6천 광년 거리에 있는 천체다.

그 후에도 백조자리 X-1과 마찬가지로 쌍성을 형성하는 블랙홀 후보를 우리은하 안에서 발견했다. 그러나 어느 것이나 수천 광년 이상 떨어져 있기 때문에 블랙홀이 지구와 지구에 사는 우리를 집어삼킬 일은 없다. 운 좋게도 태양계의 바로 가까이에 블랙홀은 없다. 안심하기 바란다.

그래도 만약에 우리가 블랙홀에 다가간다면 어떤 일이 일어날까? 이는 지금까지도 많은 사람들이 상상의 날개를 펼치는 주제이기도 하다. 2014년에 개봉한 〈인터스텔라〉는 내가 추천하는 영화 중 하나다. 최초로 중력파를 검출해 2017년 노벨물리학상을 수상한 이론물리학자 킵 손이 제작에 참여한 이 SF 대작에서는 우주비행사가 블랙홀에 뛰어들지만 다른 차원으로 이동해 무사히 생환한다. 그런데 실제로는 이렇게 전개되지 않을 것이다.

킵 스티븐 손(Kip Stephen Thorne)
(1940~)

블랙홀은 중력의 매우 강한 특이점이므로 그 주위에 접근하기만 해도 강력한 조석력을 받게 된다. 이 힘은 밀물과 썰물로 알 수 있듯이 우리의 몸을 강한 인력으로 잡아 늘이는 효과가 있다. 블랙홀에 접근함에 따라 우리의 몸은 계속해서 길게 늘어난다. 마지막에는 소립자 수준으로까지 분해되고 한 줄이 되어 블랙홀

블랙홀

항성

쌍성의 다른 한쪽 별이 태양 질량의 약 10배나 되는
질량을 가진 블랙홀이라는 사실이 밝혀졌다.

에 흡수된다.

단, 상대성이론을 통해 알다시피 블랙홀에 다가가면 강력한 중력 때문에 시간이 느리게 흘러 특이점까지 도달했을 때는 시간 개념조차 사라질 것이다.

언젠가 일어날 초신성 폭발

고문서에 기록된 초신성 폭발

1054년 교토에서는 갑자기 대낮에 매우 밝은 별 '객성(항성처럼 일정한 곳에서 반짝이는 별이 아니라 일시적으로 나타나는 별을 부르는 말*)'이 출현해 큰 소동이 일어났다. 이 사건은 사람들 사이에서 구전되었고 후에 교양인이자 가인인 후지와라노 사다이에(藤原定家)가 《명월기(明月記)》(1180~1253년에 집필)에 기록으로 남겼다.

《명월기》의 자필 원본은 일본 천문유산 1호로 선정된 중요 문화유산이다.

★ 사진 2_ 게성운 M1 ★

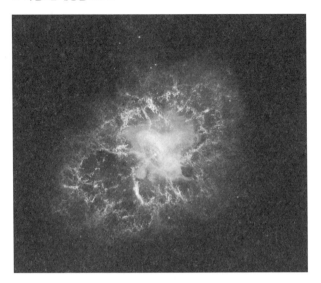

★ 사진 3_ 고리성운 M57 ★

1054년 객성은 황소자리의 뿔 끝에 나타났다. 이 현상을 지금은 초신성 폭발(슈퍼노바)이라고 부른다. 1054년에 폭발한 잔해는 그 후 계속 우주 공간에 퍼져 나갔고 우리는 그 잔해를 천체 망원경으로 보거나 천체 사진으로 감상할 수 있다. 미세한 필라멘트 모양으로 보이는 게성운 M1가 초신성 잔해 천체의 대표적 모습이다.

태양의 슬픈 말로 행성상 성운

거문고자리에 있는 M57은 행성상 성운으로 불리는 종류의 천체 중 하나로 고리성운이라고 한다. 태양도 50억 년 후에는 이런 행성상 성운이 될 것으로 예상된다. 고리성운은 태양과 같은 별이 죽어 갈 때의 모습이다. 게성운과 고리성운의 차이는 원래 항성의 질량 차이에서 온다. 즉 무거운 항성과 가벼운 항성의 경우 일생을 마치는 방법이 다르다. 무거운 별에서는 초신성 폭발이라는 극적인 폭발 현상이 일어난다. 한편 가벼운 별은 서서히 우주 공간에 자신의 몸을 융화시켜서 행성상 성운을 형성한 후 마지막으로 심지 부분만 백색 왜성이 된다.

초신성 폭발은 우리은하 안에서 평균 100년에 한 번은 목격할 수 있는 현상으로 일컬어졌는데, 실제로는 1604년 케플러의 초신성 이후 우리은하 안에서 초신성 폭발은 목격되지 않았다

(1987년에는 우리은하의 동반 은하인 대마젤란운 안에서 초신성 폭발이 일어나 남반구에서 목격되었다).

한편 먼 은하에 나타나는 초신성 폭발은 은하의 수가 지나치게 많아서 해마다 수백 개 수준으로 관측된다. 하지만 대부분은 허블 우주망원경이나 스바루 망원경과 같은 대형 천체망원경이 있어야 그 모습을 확인할 수 있다. 밤하늘에 나타나는 객성처럼 우리가 육안으로 감상할 수 있는 우리은하 안에서의 초신성 폭발은 언제 일어날까?

초신성 폭발을 목격할 수 있을까?

한때 베텔게우스의 초신성 폭발이 이미 일어났을지도 모른다는 해석이 나와 관심을 끌었다. 베텔게우스는 겨울의 용사 오리온자리 왼쪽 어깨에서 빛나는 1등성이다. 현재 이 별은 적색 초거성이라고 불리는 단계에 있다. 이미 중심핵의 수소 부족으로 중심핵 주위에서 핵융합 반응이 일어나 불안정한 상태로 빛나는 늙은 항성이다. 천문학자들은 그 일생의 종말을 맞아서 언제 초신성 폭발을 해도 이상하지 않은 상태에 있다고 추측한다.

그러나 지구에서 베텔게우스까지의 거리는 640광년이다. 다시 말해 고려말에 폭발했다면 오늘밤쯤에 초신성으로서 낮에도 보일 만큼 밝게 빛난다. 한편 오늘 폭발했다면 640년 후의 인류가 그 빛나는 모습에 깜짝 놀랄 것이다.

지구에서 태양까지 약 1억 5천만 킬로미터이며 빛은 우주 공간(진공 속)을 매초 30만 킬로미터의 속도로 직진하므로 시차가 발생한다. 지금 보는 태양은 8분 19초 전의 태양이다. 태양이 지금 폭발했다고 해도 우리는 그 사실을 8분 19초가 지나야 알 수 있다.

2019년 섣달그믐에 베텔게우스가 급격히 어두워진 것이 화제에 올랐다. 일반적으로는 오리온자리 중에서도 유난히 밝게 빛나는 별인데 밝기가 2등성 비슷한 수준까지 떨어진 것이다. 성급한 사람들은 베텔게우스가 드디어 초신성 폭발을 할 징조라며 활기를 띠었다. 하지만 원래 베텔게우스는 불안정하게 빛나는 변광성인 탓에 예전에도 밝기가 감소한 적이 여러 번 있었다. 단 베텔게우스가 눈을 뗄 수 없는 주목할 만한 별인 점은 분명하다. 베텔게우스처럼 수백 광년 이내의 항성 중에서 초신성 폭발을 일으킬 것 같은 항성은 여럿 있다. 그런 근거리의 항성이 초신성 폭발을 하면 지구에는 어떤 피해가 생길까?

초신성 폭발은 이 우주에 존재하는 온갖 원소를 생성하는 순간이기도 하다. 태양의 10억 배 이상이나 밝게 빛나는 극적인 폭발의 순간에 별의 원소가 다른 원소와 융합된다. 초신성 폭발 후에는 모든 것이 날아가 버리거나 중심에 중성자별이 남거나 또 무거운 경우에는 중심에 블랙홀이 형성되는 경우가 있다. 초신성 폭발의 구조는 여전히 불확실한 부분도 많은 것이 사실이다. 그러나 그때 발생하는 방사선의 강도는 엄청나다.

지구에서 38억 년 정도 전에 탄생했다고 생각되는 우리 생명체는 지구 역사상 몇 번이나 대멸종을 경험했다. 최근의 대멸종은 알다시피 6,600만 년 전의 중생대 백악기 말 지름 10킬로미터 정도의 소행성 또는 혜성의 충돌로 발생했다. 이때 수많은 공룡뿐만 아니라 종의 약 66퍼센트가 멸종했다고 한다.

한편 4억 4,400만 년 전 고생대 오르도비스기 말에 있었던 대멸종의 경우 그때까지 바닷속에서 크게 번성한 산호와 앵무조개, 삼엽충과 같은 절지동물이 거의 멸종했다. 당시 해양 무척추동물의 58퍼센트를 차지하는 속이 멸종했다고 추정되기도 한다. 이때의 대멸종은 이웃하는 항성의 초신성 폭발이 원인으로 추정되었다. 일부 연구자들은 그 항성이 어느 별인지는 먼 옛날에 일어난 일이라서 전혀 알 수 없지만 우주에서 쏟아지는 대량의 방사선, 특히 감마선 때문에 대멸종이 일어난 것이 아닐까 추측하고 있다. 그 이유는 다음과 같다.

아르헨티나의 어느 계곡 지층을 조사해 봤더니 4억 4,400만 년보다 더 오래된 지층에는 바다의 깊은 곳에 서식하는 생물의 화석과 얕은 곳에 사는 생물의 화석이 모두 발견된 반면, 대멸종 후

새로운 시대의 지층을 조사하자 깊은 바다에서 사는 생물의 화석만 발견됐다. 이는 대멸종의 원인으로 얕은 바다에 사는 생물만 그 영향을 받은 것을 의미한다. 심해에 도달하기까지 물에 흡수되는 방사선의 양에 차이가 있기 때문임을 고려한 것이다. 이는 태양에서 생긴 최강 슈퍼플레어일 수도 있지만, 태양계 근처에서 발생한 초신성 폭발이 방사선을 방출했을 가능성도 부정할 수 없다.

그렇다면 베텔게우스의 초신성 폭발로 우리는 사멸할까? 해답은 다음 장에서 소개하겠다.

감마선 폭발로
발생한 대멸종

극초신성 폭발로 발생하는 감마선 폭발의 공포

4억 4,400만 년 전 오르도비스기 말에 일어났다고 추정되는 초신성 폭발이 다시 한번 일어나면 인류에게 치사량을 초과하는 감마선이 날아올 수도 있다. 그런 무시무시한 현상은 무거운 별이 초신성 폭발을 일으켰을 때 발생하는 감마선 폭발이라고 생각할 수 있다.

감마선 폭발은 1967년에 미국의 핵실험 탐지위성 벨라가 발견한 초대형 감마선의 돌발 현상이다. 이때 수 초에서 수 시간에 걸쳐 감마선이 폭발적으로 방출됐다. 현재까지 모든 감마선 폭발은 우리은하 바깥쪽에서 일어났으며 그 규모는 엄청나서 우주 최대 에너지를 내뿜는 것으로 알려졌다. 별이 매우 무거운 경우에는 극초신성 폭발(하이퍼노바)을 일으킨다. 이때 강력한 감마선이 빔 형태로 방출되는 현상이 감마선 폭발이다.

감마선이 폭발할 때 감마선은 사방에 방사선 모양으로 방출되

★ 감마선 폭발 상상도 ★

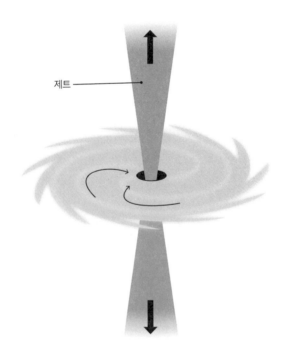

제트

는 것이 아니라 아래 그림과 같이 항성의 자전축에서 2도 정도 어긋난 각도 범위에 빔 모양으로 방출된다는 사실을 알아냈다.

이 2도의 범위에 지구가 있었다면 운이 나빴겠지만 다행히도 베텔게우스의 자전축은 지구보다 20도 정도 어긋나 있으므로 만약 베텔게우스에서 감마선 폭발이 발생하더라도 지구에는 도달하지 않는 것으로 판명되었다.

또한 베텔게우스는 태양의 20배 정도의 질량을 가진 별이므로 초신성 중에서도 가장 강력한 극초신성 폭발은 일어나지 않을 것으로 예상됐다.

일단 베텔게우스의 초신성 폭발로 인한 감마선 폭발 때문에 인류가 타 죽는 공포는 사라졌지만 머지않아 초신성 폭발을 일으킬 수 있는 항성은 베텔게우스뿐만이 아니다.

태양 질량의 30배나 되는 거대한 항성이 극초신성 폭발, 즉 하이퍼노바를 일으켜서 감마선 폭발을 발생시킬 위험이 있다. 또한 최근 감마선 폭발이 하이퍼노바는 물론 중성자별끼리의 합체 등과 같은 천문 이벤트에서도 발생하는 것이 관측되었다. 감마선 폭발은 빛의 속도로 지구에 도착하기 때문에 사전에 경보가 울려도 피하기 어려울 것이다.

정통적인 방법이긴 하지만 후보 별들의 변광 모습을 관측하는 등 섬세한 천체 관측이 필수적이다. 또 이론적인 연구도 중요하다. 초신성 폭발 특히 하이퍼노바의 구조와 중성자별 합체의 구조 등 물리이론 모델을 구축하는 것도 중요한 천문학 연구 주제다.

외계인은
지구를 공격할까?

해비터블 존에 존재하는 지구와 같은 행성

인류는 외계인의 존재를 아득히 먼 옛날부터 예상했다. 예를 들면 기원전 4세기에 활약한 고대 그리스의 철학자 에피쿠로스(기원전 341~기원전 270년)는 '우리가 이 세계에서 눈으로 보는 생물은 어느 세계에나 존재한다고 생각해야 한다'는 내용을 편지에 남겼다. 다시 말해 그는 우주 안에서 지구만 특별한 별이 아니라고 생각했다.

철학자나 과학자뿐만 아니라 SF 소설이나 SF 영화의 세계에서도 외계인은 사람들의 마음을 사로잡는다. 그러나 이상하게도 문명이 발생해 천문학이 시작된 지 수천 년, 망원경이 발명된 지 400년, 인공 천체가 지구의 대기권 밖과 행성을 직접 탐사할 수 있는 시대가 된 지 60년이 지난 현재에도 지구 이외에는 외계인 (지적 생명체)은커녕 박테리아와 같은 미생물조차 전혀 발견하지 못했다.

한편 1995년 이후 태양계 밖에서도 행성(외계 행성)이 잇따라 발견되었고 그 수는 현재 4,200개를 넘는다. 이른 시기에 발견된 대부분의 외계 행성은 지름이 지구의 몇 배 이상이나 되는 목성 같은 거대한 가스 행성이었지만, 연구가 진행되면서 지구 크기의 행성과 그 표면에 있는 거주 가능 지역, 즉 해비터블 존 (Habitable Zone)에 위치한 행성도 발견되기 시작했다.

'해비터블'은 생명체가 살 수 있다는 의미로, 항성과의 거리가 적당하고 그 표면에 물이 액체 상태로 존재하는 영역을 천문학자들은 해비터블 존이라고 부른다.

현재 해비터블 존에 있는 제2의 지구라고 부를 만한 암석 행성 20여 개가 확인되었다. 20개라는 숫자는 외계 행성의 수 4,200개와 비교하면 매우 적다는 인상을 줄 것이다. 여기에는 이유가 있다. 외계 행성을 발견했다고 해도 그 지름과 질량을 모두 구해서 밀도를 추정할 수 있는 외계 행성이 적기 때문이다. 분명히 확인 가능한 것이 20개 정도이며 생명체가 있을 만한 후보 천체는 그

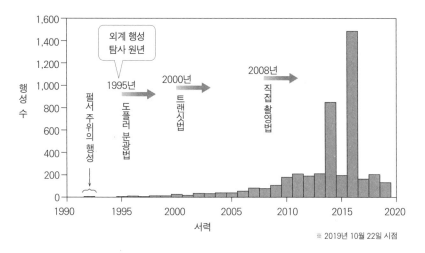

★ 연간 외계 행성의 발견 수 추이 ★

외계 행성
탐사 원년

1995년
도플러 분광법

2000년
트랜싯법

2008년
직접 촬영법

펄서 주위의 행성

행성 수

서력

※ 2019년 10월 22일 시점

보다 많으리라고 생각된다.

지구 밖 생명체의 흔적을 찾아서

현재 지상의 스바루와 같은 대형 망원경이나 허블 우주
망원경과 같은 우주망원경을 사용해도 그 표면에 물이 있는지
또는 식물이나 동물과 같은 생명체가 존재하는지를 조사하기란
역부족이다. 생명체를 찾을 때 반드시 필요하며 생명체의 존재를
확인할 수 있는 차세대 초대형 망원경이 2020~2030년대에 걸쳐
완공될 예정이다. 또한 현재 생명체 찾기 전용 우주망원경 건설
계획이 추진 중이니 운이 좋으면 앞으로 10~20년 안에 지구 밖

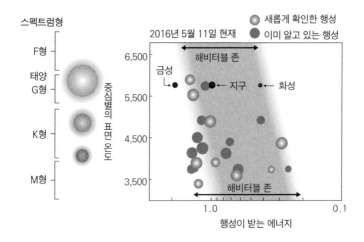

★ 케플러 위성이 발견한 해비터블 존에 있는 암석 행성 ★

스펙트럼형

F형

태양
G형

K형

M형

중심별의 표면 온도

6,500

5,500

4,500

3,500

2016년 5월 11일 현재

○ 새롭게 확인한 행성
● 이미 알고 있는 행성

해비터블 존

금성

지구

화성

해비터블 존

1.0

0.1

행성이 받는 에너지

생명체에 대한 확실한 증거를 얻을 수 있을지도 모른다. 천문학
자뿐만 아니라 수많은 사람이 그런 꿈을 그리며 천문학 발전을
응원하고 있다.

하지만 지구 밖 생명체를 발견했다고 해서 당장 외계인을 찾
을 수 있는 것은 아니니 주의해야 한다. 인류와 같은 지적 생명체
가 어느 정도의 빈도로 또는 어떤 조건으로 탄생하는지 알 수 없
고 지적 생명체의 생존 기간도 염려된다. 인류가 '지적'이라고 부
를 수 있거나 우리가 소통하기를 원하는 '지적' 수준이라는 것은
아마 46억 년 지구의 역사 속에서, 약 700만 년이라는 유인원 역
사 속에서, 또는 수천 년의 문명 역사 속에서 고작 수백 년 정도

의 기간에 불과하다.

게다가 현재 지구상의 문명도 언젠가 붕괴되지 않을까 하는 불안이 날이 갈수록 심해지고 있다. 지구 온난화와 인구 증가에 따른 물과 식량, 에너지 자원 등의 고갈, 핵전쟁과 원자력발전 사고, 탐욕적인 자본주의와 자기중심적인 인류의 증가 등……. 지구상의 인류와 우주에 존재하는 수많은 외계인(지적 생명체)의 생존 기간이 짧다면 우리는 되돌릴 수 없는 우주의 시간 축 위에서 외계인의 흔적이나 화석을 찾을 수는 있어도 절대로 살아 있는 외계인을 만날 수는 없을 것이다.

외계 행성 프록시마b에 지적 생명체가 존재할까?

우리은하 안에서 우리가 생활하는 태양계와 매우 가까운 항성을 도는 행성에 지금 외계인이 살고 있다고 가정해 보자. 그 외계인은 지구를 공격할까? 덧붙이자면 태양계 안에 지적 생명체가 존재하지 않는다는 사실은 태양, 수성, 금성, 화성, 목성, 토성, 천왕성, 해왕성, 몇몇 소행성과 혜성 또 태양계에서 멀리 떨어진 곳에 있는 명왕성이나 그 끝에 있는 소행성에 실제로 탐사기를 보내서 조사한 결과로 확실히 밝혀졌다. 하지만 화성이나 목성과 토성의 위성들 중에는 박테리아와 같은 단순 구조의 생명체가 존재할 가능성을 부정할 수 없다.

태양계에 가장 가까운 항성은 센타우루스자리 알파별이라고 한다. 남반구의 대표적인 별의 행렬, 남십자자리 바로 근처에 1등 성으로 빛나는 항성이다. 이 항성을 자세히 조사했더니 태양과 같은 단독 항성이 아니라 세 항성이 서로의 둘레를 돌고 있는 3중 쌍성이라는 사실이 드러났다. 현재 태양계에 가장 가까운 위치에 있는 항성은 센타우루스자리 알파C 또는 프록시마라고 불리는 적색 왜성이다. 적색 왜성이란 태양보다 더 가볍고 밝기도 충분하지 않아서 표면 온도가 낮고 그 때문에 붉게 빛나는 항성을 말한다.

프록시마까지의 거리는 4.2광년으로, 2016년 실제로 이 프록시마 지구 크기 정도이면서 해비터블 존에 있는 행성이 발견되었다. 이 외계 행성은 프록시마b라고 불리는데 항성 프록시마에서 750만 킬로미터 떨어진 곳을 11.2일 만에 공전하며 지구 무게의 1.3배인 행성이다. 해비터블 존 안에 있는 프록시마b 표면 위에는 액체인 물이 있을지도 모른다. 그러나 프록시마 별은 슈퍼플레어가 자주 발생하는 위험한 항성이며 적색 왜성 때문에 발견된 외계 행성도 항성과 가까운 위치에 있다. 그렇기 때문에 항성에서의 방사선 영향을 강하게 받아 애초에 생명체가 탄생할지 의문이다.

만약 그런 현실을 과감히 무시하고 꿈을 소중히 여기는 차원

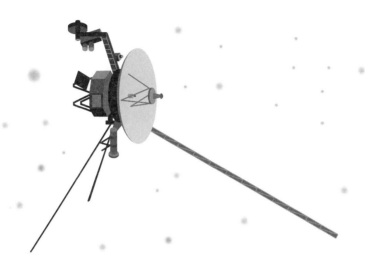

에서 이 별에 〈드래곤볼〉에 등장하는 외계인 '슈퍼사이어인'까지
는 아니더라도 지구인 수준이거나 그 수준 이상의 능력을 가진
외계인이 있었다고 치자. 그들은 지구를 공격할까? 답은 '아니오'
다. 4.2광년이라는 거리는 살아 있는 생물에게는 너무나도 먼 거
리이기 때문이다.

인류는 1977년에 보이저 1호와 2호를 쏘아 올렸다. 물론 무인
우주선이다. 거기에는 외계인에게 보내는 메시지도 실려 있었다.
지구에서 가장 멀리 떨어져 있는 인공물인 보이저 1호는 지구와
의 거리가 약 150천문단위다. 천문단위(au)란 태양계 안의 거리

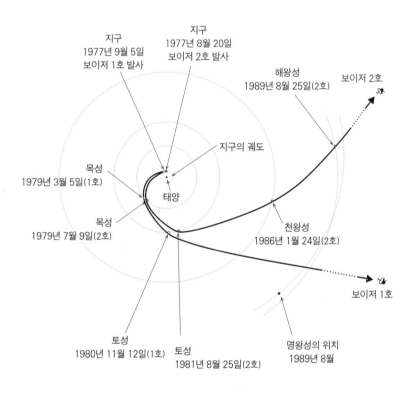

지구
1977년 9월 5일
보이저 1호 발사

지구
1977년 8월 20일
보이저 2호 발사

해왕성
1989년 8월 25일(2호)

보이저 2호

지구의 궤도

목성
1979년 3월 5일(1호)

태양

목성
1979년 7월 9일(2호)

천왕성
1986년 1월 24일(2호)

보이저 1호

토성
1980년 11월 12일(1호)

토성
1981년 8월 25일(2호)

명왕성의 위치
1989년 8월

척도를 말하는데, 태양과 지구 사이의 평균 거리 1억 5천만 킬로미터를 1au로 본다. 즉 40년 이상 태양계를 떠돌아도 보이저 1호는 지구에서 200억 킬로미터 정도 떨어진 곳까지만 나아갈 수 있다. 태양계 끝까지는 1조 킬로미터가 넘는다. 1광년은 9조 5천억 킬로미터이므로 프록시마b까지는 40조 킬로미터다. 보이저 1호가 만약에 프록시마b를 향해 똑바로 가더라도 지구를 떠난 지

8만 년이나 걸리는 거리다.

프록시마b에 사는 외계인의 과학이 좀 더 진보했다고 해도 살아 있는 생물에게는 수명이 있다. 또 생물인 이상 크기에도 한계가 있어 수만 년이나 수명을 지닌 지적 생명체의 존재는 현실성이 없다. 상상의 범위를 크게 벗어나기 때문이다.

프록시마b에 사는 외계인이 지구인보다 진보했다면?

만약 프록시마b에 사는 외계인이 지구인보다 좀 더 진보해서 유기물로 만들어진 살아 있는 생물에서 AI와 같은 실리콘(규소)을 중심으로 한 컴퓨터가 생명체처럼 자기 증식하거나 대사 작용을 하며 생활한다면 지구를 찾아올 가능성이 없지는 않다. 그들의 경우에는 전원을 끄고 타이머를 설정하면 수만 년의 여행도 문제없을 것이다. 단, 인류보다 훨씬 더 똑똑한 AI가 아무 이유 없이 지구를 찾아오거나 일부러 지구인을 놀라게 하려고 UFO를 탄 척한다면 완전히 난센스라고 할 수 있다. 목적도 없이 찾아오거나 놀라게 하지는 않을 것이다.

한편 그들이 4.2광년 전의 지구에서 방송된 TV나 라디오 프로그램을 수신할 가능성은 있다. 인류는 위성방송 등을 이용하기 때문에 전파를 지상에서 우주로 방사한다. 전파는 빛과 마찬가지로 우주 공간을 초속 30만 킬로미터로 나아가므로 프록시마b에

초소형 · 초경량 우주선

지구

사는 외계인이 초고감도의 대형 전파 망원경으로 지구를 관측한다면 미약한 전파라고는 해도 지구에서 방송되는 흥미로운 TV 프로그램을 봤을지도 모른다.

외계인이 공격해 오지 않는다면 지구에서 무인 정찰선을 보내려는 계획이 추진 중이다. 지구에서 가장 가까운 외계 행성 프록시마b(4.2광년)에 초소형 탐사기를 보낸다는 계획인데 브레이크스루 스타샷(Breakthrough Starshot) 계획이라고 불리는 민간 프로젝트다.

이 야심 찬 계획에 따르면 우표 크기의 작은 칩 속에 나노테크

놀로지 기술을 활용해 고감도 카메라, 컴퓨터, 자율제어장치 등을 삽입해 20년에 걸쳐 프록시마b에 도착하도록 설계되었다.

빛이나 전파의 속도로도 4.2광년, 로켓으로도 수만 년이나 걸리는 길을 20년 안에 도착할 수 있는 이유는 무엇일까? 이 우주선이 우표 무게밖에 안 된다는 점에 해답이 있다.

지상에서의 강력한 방사압으로 우표 크기의 초소형·초경량 우주선을 광속 20퍼센트까지 가속할 수 있다고 한다. 이는 얇은 돛을 달고 나아가는 우주 요트 기술이다. 실현할 수 있을지 아직 확실하진 않지만, 민간인들은 이 프로젝트를 진행하려고 한다. 이 프로젝트에 따르면, 앞으로 20여 년 간의 기술 혁신을 통해, 발사한 지 20년 안에 프록시마b에 도착하고 그 탐사선이 데이터와 영상을 전파로 보내오므로 지구에는 4.2년 안에 도착한다. 다시 말해 개발이 성공하면 지금부터 50년 이내에 프록시마b를 직접 촬영한 영상이 지구에 도착할 수 있다.

과연 그곳에는 어떤 세계가 기다리고 있을까?

인류는 하늘이 보낸 글 '천문'을 5천 년이라는 세월에 걸쳐서 해독해 왔다. 이번에 시도하는 '우주에 보내는 편지(하늘에 보내는 글)'인 우표 크기의 초소형 탐사선은 모두가 꿈꾸는 계획이라고 할 수 있다.

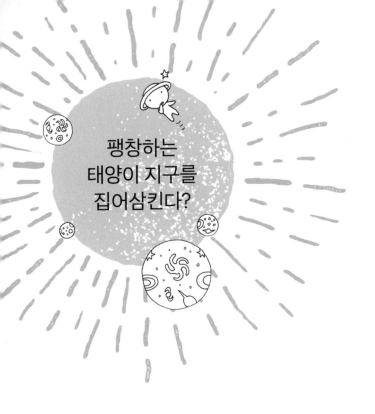

팽창하는 태양이 지구를 집어삼킨다?

태양계의 최후, 지구의 최후

별이나 우주를 연구하는 일은 세상과 전혀 동떨어진 작업이 아니다. 우주를 보면 '지구라는 별은 어쩜 이렇게 훌륭할까!' 하고 실감하게 된다. 우주에 지구가 존재하는 것 자체가 기적처럼 느껴진다. 우주는 어떻게 이루어져 있을까? 다른 별에도 생물이 존재할까? 우주에서 어떻게 생명체가 탄생했을까? 천문학은 그런 근원적인 수수께끼를 풀려고 한다.

또한 그 의문을 밝힐 수 있는 시대가 되면 개개인의 삶과 생각 그리고 사회가 나아가야 할 길에 대한 어떤 실마리를 분명히 얻게 될 것이다. 이미 여기까지 읽고 깨달은 사람도 많겠지만 지구에 사는 생명체와 마찬가지로 우주에 존재하는 별에도 저마다 일생이 있고 그 종말이 반드시 온다.

하와이 마우나케아산(표고 4,205미터)의 꼭대기에 세계를 대표하는 대형 망원경이 모여 있는데, 일본의 스바루 망원경은 1999년에 설치되었다. 이 망원경이 촬영한 1054년에 초신성이 폭발한 별의 마지막 모습을 다시 한번 살펴보자. 태양보다 훨씬 무거운 별은 초신성 폭발을 일으켜서 일생을 마감한다.

한편 태양 정도의 일반 별의 경우 초신성 폭발은 일어나지 않는다. 태양의 나이는 지금 46억 살이다. 태양의 수명은 약 100억 살이므로 인간으로 치면 40대다. 항성의 수명은 무게에 따라 정해지며 가벼운 항성일수록 오래 산다. 태양은 오래 사는 항성 중 하나다. 태양은 100억 살이 되면 어떻게 될까? 몸집이 빵빵하게 부풀어 오른 채 주위에 퍼져 가며 행성상 성운을 몸에 걸친다. 그리고 우주 공간에 서서히 몸을 풀어서 타다 남은 불을 다 태운다. 그렇게 해서 중심이 씨앗처럼 작고 하얀 별(백색 왜성)이 된다.

항성의 일생이 끝나갈 때 우주로 풀려 난 가스와 먼지가 다시 한번 모이고 그 덩어리 속에서 새로운 별이 탄생한다. 이때 행성과 함께 탄생하는 경우가 일반적이다. 무거운 항성의 경우에는 초신성 폭발 후 중성자별이나 블랙홀이 남는다. 이 폭발 중에 다

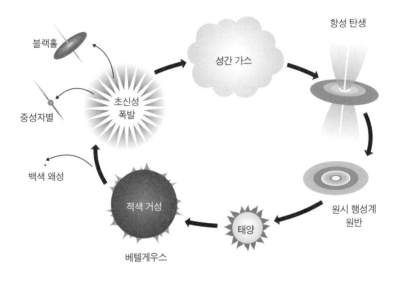

★ 별의 일생 ★

블랙홀

성간 가스

항성 탄생

초신성
폭발

중성자별

백색 왜성

적색 거성

베텔게우스

태양

원시 행성계
원반

양한 원소가 형성된다. 우리의 몸은 산소·수소·탄소·질소 외에
도 철·인·유황 등 수많은 원소로 이루어져 있다. 이 원소들은 별
속에서 탄생하거나 초신성이 폭발할 때, 그 후의 중성자별끼리
합체할 때 그 반응으로 만들어진다. 초신성 폭발이 없으면 생명
체 자체도 존재하지 않았다.

138억 년 전에 우주는 빅뱅이 일어나 엄청나게 작은 곳에서
탄생했고 초신성 폭발을 여러 번 거친 후 46억 년 전에 태양과
지구, 즉 태양계가 완성되었다. 우리는 원소 수준으로 생각하면
그야말로 '별의 아이들'이다. 46억 년 전에 똑같은 태양계 안에서

태어났으며 원소 수준으로 우주와 이어져 있다.

태양이 불안정해지면 죽음의 행성이 되는 지구

태양은 지금 인간의 수명으로 환산하면 40대 중반 무렵
이다. 사람이라면 한창 왕성하게 일할 시기다. 태양의 실제 나이
는 46억 살로 인간을 비롯해 지상의 다른 생물과 비교해 보면 엄
청 오래 사는 셈이다. 이론상으로는 태양이 약 100억 살까지 빛
날 것이라고 예상한다. 하지만 계속 똑같은 밝기로 안정을 유지
할 것이라는 확증은 없다.

태양이 약 50억 년 후 적색 거성이 될 무렵에는 그에 따라 불
규칙한 변광을 반복해서 방사가 불안정한 항성이 된다. 그 무렵
거성이 된 태양이 강력한 에너지를 발산하면 지구의 표면 온도
가 상승하고 태양 방사가 불안정한 탓에 지구는 생명체가 존재
할 수 없는 상태의 행성이 될 것이다. 노후의 불안정한 태양의 경
우 그 표면에서 폭발 현상도 자주 일어나 현재의 안정적인 환경
은 옛이야기가 된다. 그렇게 되면 불안정한 태양 방사뿐만 아니
라 지구상의 생명체에게 가장 위협적인 일이 일어난다.

그것은 바로 금성의 궤도 부근까지 부풀어 오른 태양과의 중
력 균형을 유지하기 위해 지구는 현재보다 태양으로부터 점점
더 멀리 이동하게 될 것이라는 이야기다. 이렇게 되면 지구의 평

균 기온이 영하로 떨어져서 지금처럼 충분한 태양 에너지를 얻지 못하게 된다.

그 결과 지구는 지금과는 전혀 다른 세계, 지표면에는 바다가 없이 바싹 말라 버리며 지구 내부의 냉각화로 외핵이 액체에서 고체로 변화한다. 또 이 때문에 발전기 기구가 손상되어 지구 자기권의 대기 방어막이 사라진다. 결국 지금의 화성처럼 차갑고 얇은 대기와 자기장이 없는 죽음의 행성이 될 것이다.

우주도 암흑세계? 암흑물질의 수수께끼

🌟 우주 공간은 암흑세계

밤하늘을 올려다봤을 때 무수히 많은 별빛에 마음을 빼앗기는 사람이 있는 한편, 별과 별 사이의 심원한 어둠에 공포를 느끼는 사람도 있다. 확실히 어둠은 인간이 공포를 느끼는 가장 큰 원인이 된다. 인간은 본능적으로 어둠을 싫어하고 빛을 좋아하는 성질을 갖고 있는 듯하다.

우주는 분명히 어둠의 세계다. 지구에서 우리가 한낮에 이렇게 밝게 생활할 수 있는 것은 태양빛을 사방팔방으로 분산시켜서 하늘 전체를 밝혀 주는 지구 대기 덕택이다.

대기가 없는 이웃 천체 달에서는 한낮에 월면이 태양광을 받아서 밝게 빛나지만 하늘을 올려다보면 태양만 스포트라이트처럼 밝고 하늘 전체는 캄캄하다. 또한 별 사이를 비행하는 우주선에서 본 광경도 저 멀리에 있는 지상과 마찬가지로 무수히 많은 별들은 관찰할 수 있지만 조종석 바깥쪽의 풍경은 상상한 대로 칠흑 같은 어둠이다. 어두운 것이 질색인 사람에게는 이런 우주여행은 고행이나 다름없을 것이다.

이렇듯 우주 공간은 말 그대로 어두운 세계지만 그중에서도 암흑세계에 숨어 있는 암흑물질과 암흑에너지가 주목을 받고 있다. 일반적으로 암흑물질은 다크 매터(Dark Matter), 암흑에너지는 다크 에너지(Dark Energy)로 불린다. 뒤에서 설명하듯이 이 두 가지가 우주를 지배한다. 다시 말해 우주는 완전한 암흑세계다.

수수께끼의 암흑물질은 어디에 있을까?

암흑물질이란 1930년대에 그 존재가 예측된 수수께끼의 물질이다. 일반적인 물질과 마찬가지로 서로(일반적인 물질이나 암흑물질 사이에서도) 중력을 미치지만 전자파를 전혀 방출하지 않는다. 또 전자파를 받아도 아무런 반응을 하지 않는다. 즉 빛이나 전파로 전혀 관측할 수 없으며 눈에 보이지 않는 정체불명의 물질이다.

여기서 우주 전체의 구조를 살펴보자. 지구는 태양계의 세 번째 행성이다. 태양계는 우리은하(또는 은하계)라고 불리는 1조 개가 넘는 항성의 대집단 가운데 끝 쪽에 위치한다. 우리은하는 위에서 보면 태풍처럼 소용돌이치는 모습이고 옆에서 보면 도라에몽이 가장 좋아하는 도라야키(속에 단팥이 든 핫케이크 모양의 일본 과자*) 형태를 띤다.

그 중심에는 태양 질량의 400만 배나 되는 무게의 초대질량 블랙홀이 존재한다. 그곳에서 2만 6천 광년이나 떨어진 오리온자리 팔이라고 불리는 나선 팔 위에 태양계가 있다.

또한 우주는 은하로 넘쳐난다. 우리은하와 같은 나선은하가 있는가 하면 나선 팔이 없는 타원은하도 있다. 우리의 몸이 수십 조 개나 되는 세포로 이루어진 것과 마찬가지로 우리가 살고 있는 우주는 수천억 개가 넘는 은하로 이루어졌다.

은하는 우주의 기본 구성단위다. 세포는 일반적으로 서로 접해 있지만 은하의 경우에는 만나는 일이 극히 드물며 보통은 은하와 은하 사이에 아무것도 존재하지 않는 우주 공간이 가로놓여 있다.

눈에는 보이지 않지만 그곳에 암흑물질이 존재한다. 은하의 분포는 먼저 사람이 마을을 만들듯이 수백 개의 은하가 모여서 은하단을 형성한다. 마을과 마을을 합해 작은 행정구역을 만들거나

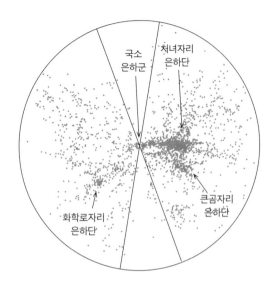

사람이 많이 모여 생활하면 도시가 생기듯이 은하단이 모인 더 큰 은하 집단이 초은하단이다. 초은하단에는 수천 개가 넘는 은하가 무리지어 있다. 그런 은하 전체의 분포를 '우주 거대 구조'라고 한다.

 **우주 구성 성분의 68퍼센트는 암흑에너지**

우주는 138억 년 전에 빅뱅이 일어나며 탄생했고 그 후 계속 팽창하고 있다. 우주가 진화함에 따라 중력의 작용으로 암흑물질의 밀도가 주변보다 조금 더 높은 장소에 암흑물질이 모

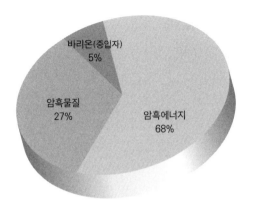

여들었고, 그 결과 입체적인 그물코와 같은 우주 거대 구조가 형성되었다.

암흑물질의 밀도가 높은 곳에 눈에 보이는 일반 물질인 바리온(Baryon, 중입자)도 더 많이 모여서 우주 초기에는 항성과 은하가 연이어 탄생했다. 우주 전체의 물질과 에너지의 총량을 조사해 보면 현재의 우주를 구성하는 성분 중 약 68퍼센트가 우주 팽창을 가속시키는 의문의 에너지 '암흑에너지'이며 약 27퍼센트가 '암흑물질'이다. 일반적인 '원소(바리온)'는 5퍼센트 정도에 불과하다.

우주 거대 구조로 불리는 이 특징적인 은하 분포는 우주를 지배하는 중력의 분포, 즉 바리온＋암흑물질의 분포를 나타낸다. 우주는 은하로 이루어져 있다고 설명했는데 이는 외관상의 우주이며 사실은 눈으로는 보이지 않는 암흑물질이 우주의 구조를 지배한다. 보이지 않지만 일반 물질(바리온)의 5배가 넘는 암흑물질이 그곳에 존재한다. 암흑물질은 아직까지 정체가 밝혀지지 않은 중력원이다.

우주 초기에도 암흑물질의 활약으로 우주의 이쪽저쪽에서 수소 원자가 끌려와 더 빨리 큰 덩어리를 형성했고 순차적으로 별이 형성되며 초기의 작은 은하가 형성된 것이다. 그 후 은하끼리 서로 끌어당겨서 처음에는 거의 균등했던 은하의 분포가 점점 무리 지어서 은하단, 초은하단이라는 계층을 이루었고 현재는 우주에서 불규칙적인 은하 분포를 보이고 있다.

우리 주위에도 암흑물질이 존재한다

우리 주위에도 당연히 암흑물질이 존재한다. 하지만 지금으로서는 중력을 제외한 방법으로 그 존재를 알아차릴 수 없다. 일상생활에서 암흑물질을 신경 쓸 필요는 전혀 없어 보인다. 아무튼 이름에 암흑이 붙으니 걱정스러워하는 사람도 있을 것이다.

그러나 우리은하 차원에서 볼 때 비로소 암흑물질이 우려된다. 인간과 지구, 태양계 정도의 크기에서는 암흑물질을 신경 쓸 필요가 없다. 우리은하는 태풍처럼 전체가 중심을 향해 회전(자전)하고 있다. 그것은 팔이 합쳐지는(하나가 되는) 방향으로 회전하고 있는데, 통상적으로 보이는 항성과 가스와 먼지 분포만 갖고 계산한다면 순식간(수억 년 정도)에 팔은 한데 뭉쳐져 하나가 되어 버린다. 한편 우리은하는 대략 120억 년 전에 형성된 것으로 추정되므로 모순이 생긴다.

그러나 보이지 않는 암흑물질이 지름 10만 광년의 나선 팔 바깥쪽까지 포함해 5~10배 정도 존재한다. 암흑물질끼리 또는 항성 등 바리온이 그 중력으로 서로 끌어당긴다고 가정하면 현재 은하의 안정적인 회전을 설명할 수 있다.

정체를 알 수 없는 데다 눈에도 보이지 않는 암흑물질에 지배당한 우리은하의 회전과 우주에서의 은하 분포(우주 거대 구조). 이것이 지금까지 알려진 암흑세계의 모습이다. 따라서 과학자는 암흑세계를 해명하기 위해 온힘을 기울이고 있다.

애초에 암흑물질의 후보는 뜨거운 암흑물질과 차가운 암흑물질이 고려되었다. 또 두 물질의 중간인 따뜻한 암흑물질도 후보 중 하나였다. 이론과 관측 두 측면에서 진실을 채워 나가자 다양한 우주의 관측 데이터에 잘 들어맞는 것은 차가운 암흑물질이라는 사실이 밝혀졌다. 차가운 암흑물질이란 구체적으로 말하면 중력을 갖고 전자파와는 반응하지 않는 미지의 소립자가 있다는 생각이다. 전 세계에서 지금 이 미지의 소립자에 대한 직접 검출 실험이 진행 중이므로 암흑물질의 정체가 드러나기를 기대해 보자.

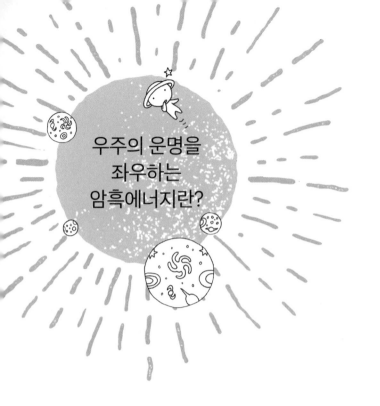

우주의 운명을 좌우하는 암흑에너지란?

중력 반대 방향의 힘=척력을 가진 암흑에너지

우리 우주는 별이나 가스, 먼지 등의 일반 물질(바리온)과 암흑물질, 암흑에너지로 이루어져 있다는 것을 앞에서 소개했다. 이중 가장 정체를 알 수 없는 무서운 존재가 암흑에너지다.

우주는 왜 138억 년 전에 탄생했을까? 또 우주는 앞으로 어떻게 그 종말을 맞이할까? 이 문제에 대한 이해는 전부 암흑에너지의 의문을 푸는 데 성공하느냐에 달렸다고 해도 과언이 아니다. 암흑에너지는 영화 〈스타워즈〉의 악역 다스 베이더나 암흑물질보다 훨씬 무섭다. 우주의 공포 대왕이라고 불러도 좋을 것이다.

암흑에너지는 바리온이나 암흑물질과 달리 중력 반대 방향의 힘=척력(서로 반발하는 힘)을 가진 정체불명의 에너지다. 우주는 중력을 가진 바리온+암흑물질의 총량보다도 척력을 가진 암흑에너지가 많기 때문에 현재 팽창하고 있다. 게다가 우주 팽창은 지금으로부터 60억 년쯤 전부터 가속하고 있다고 밝혀졌다.

암흑에너지의 정체는 무엇인가? 여러 가지 설이 있지만 아직까지 명확하게 알려지지 않았다. 전부 상상 정도에 그치며 가설을 실험이나 관측으로 입증하지 않았기에 앞으로 더 많은 연구가 필요하다. 암흑에너지의 정체를 알기 위해서는 먼저 암흑에너지가 일반적으로 변화하지 않는 정수와 같은 성질인지, 늘 어떤 작용에 영향을 받아서 그 강도가 변화하는 성질인지를 밝혀야 한다. 그 방법을 다양한 형태로 모색하고 있다. 전자의 경우는 아인슈타인 방정식에 추가되는 우주항(우주정수)으로 표현할 수 있다. 한편 후자의 경우는 암흑에너지가 어떤 이유로 활성화하는 미지의 소립자일 수도 있다는 견해다.

일본 국립천문대가 미국, 캐나다, 중국, 인도와 협력해서 건설을 추진하고 있는 TMT(Thirty Meter Telescope, 구경 30미터의 차세대 초대형 천체망원경)의 주요 관측 주제 중 하나가 이 암흑에너지의 시간 변화를 파악하자는 아이디어다. TMT의 뛰어난 집광력을 활용해서 먼 은하를 자세히 관측하고 우주 팽창의 시간 변

★ 30미터 망원경 TMT의 완성 예상도 ★

화를 구하려는 야심 찬 계획에 따라 이 관측이 성공하면 암흑에
너지가 우주 진화와 함께 어떻게 변화해 왔는지 밝혀질 것이다.

밝지만은 않은
우주의 미래

– 우주론의 무시무시한 세계

안드로메다은하가
은하수에 충돌한다?

우리은하와 안드로메다은하의 거리는 230만 광년

우리 태양계는 '은하수'라고 불리는 별의 대집단(우리은하) 속에 존재한다. 우리은하는 끝에서 끝까지 10만 광년 정도의 크기이며 그 바깥쪽에도 눈에 보이지 않는 암흑물질이 퍼져 있다. 태양계에서 우리은하의 중심까지는 2만 6천 광년이다. 태양계와 가장 가까운 항성은 센타우루스자리 프록시마 별로 4.2광년이 걸린다. 우리에게 익숙한 별자리의 별들은 대부분 수 광년에서 수백 광년의 거리에 있다. 직녀성이 25광년, 오리온자리의 베텔게우스는 640광년이 떨어져 있다. 항성에도 개성이 있기 때문에 거대한 거성도 있는가 하면 작은 왜성도 있다. 거성일수록 에너지를 많이 방출하므로 멀리 있어도 그 존재를 우리 눈으로 확인할 수 있다.

예를 들어 직녀성(거문고자리의 베가), 견우성(독수리자리의 알타이르)과 함께 여름의 대삼각을 형성하는 백조자리의 데네브까지는 2,600광년이나 걸린다고 추정된다. 즉 1등성 중에는 지구에서 가장 멀리 떨어진 곳에 있는 항성이다. 이처럼 일반적으로 육안으로 볼 수 있는 별들은 모두 우리은하 안에 있는 별들이다.

그리고 우리가 육안으로 볼 수 있는 가장 먼 천체가 우리은하

★ 사진 4_ 안드로메다은하 M31 ★

와 이웃한 안드로메다은하(230만 광년)다. 하늘이 어둡고 맑으면 누구든지 육안으로 그 존재를 확인할 수 있다. 별자리의 모습으로 말하자면 가을의 대표 별자리인 안드로메다자리를 형성하는 안드로메다공주의 허리에 쌀알 크기로 희미하게 빛난다. 마치 명품 쌀의 광택과 같다. 그곳에서 광자가 230만 년 동안 우주를 여행하며 오늘날 여러분의 눈에 들어온다. 여러분은 230만 년 전 무엇을 했을까? 안드로메다은하에서 보이는 빛은 우리 선조의 장대한 여행을 생각나게 할 것이다.

230만 년을 거슬러 올라가면 77억 인류의 공통된 조상이 나무 위의 생활에서 벗어나 아프리카 대지를 두 발로 걸었을 무렵이다. 최근의 인류학 연구 성과에 따르면 아프리카 대지를 걷기 시작한 것은 700만 년 전이라고 한다. 그러니 이 무렵은 이미 다른 대륙을 걷기 시작했을지 모른다.

호모사피엔스의 몸을 이루는 수십조 개의 세포 중에는 그 당시의 기억이 남아 있다. 걷기 시작한 아버지와 어머니에게서 유전 정보를 받아서 그것을 DNA에 기록으로 남기고 오늘날까지 진화했다. 우리는 DNA로 원숭이, 침팬지의 조상과도 이어진다. 자신과 주위 사람의 유전자 배열(게놈) 차이는 0.1퍼센트 정도로 거의 똑같다. 침팬지와 인류도 게놈은 98.5퍼센트나 똑같고 오랑우탄과는 97퍼센트나 일치한다. 우리는 공통의 부모 유전자를 이

어받았다. 그럼에도 왜 서로 으르렁거리거나 죽이는 것일까? 안드로메다은하를 보고 인류는 똑같은 공통의 조상을 가진 존재라는 사실을 생각해 내면 어떨까?

우주가 탄생한 138억 년을 1년으로 비유해 보자. 1월 1일이 빅뱅, 2월 14일 밸런타인데이에 우리은하가 탄생했으며, 8월 31일 46억 년 전에 지구가 탄생했다. 9월 하순에는 지구에 생명체가 탄생했다. 12월 28~30일 무렵에는 공룡이 걸어 다녔다. 12월 31일 오후 8시 무렵 유인원(오스트랄로피테쿠스)이 드디어 모습을 나타냈으며 그로부터 불과 4시간 만에 오늘 이때가 되었다. 그렇게 계산하면 우리가 90세까지 살더라도 0.2초 세상을 안 정도에 불과하다.

인류는 유구하고 광대한 우주를 이 찰나의 시간에 파헤쳐 온 위대한 존재다. 지역, 집, 초·중·고등학교, 대학교 그리고 회사나 사회에서의 '전승'이 있어야 이를 학습하고 알 수 있다. 우리 인류는 서로에게 문화, 문명, 우주, 자연의 모습을 전하고 물려줌으로써 연결되어 있다. 이러한 사회 속에서 우리는 사회와 더불어 나아간다.

 서로 끌리는 안드로메다은하와 우리은하

두렵게도 안드로메다은하가 우리은하를 향해 은밀히 다

가오고 있다. 안드로메다은하(M31)나 삼각형자리의 나선은하 M33(거리는 250만 광년) 등 우리은하의 근처에 있는 은하 덩어리를 국소 은하군이라고 한다. 우리은하의 동반 은하인 소형의 불규칙 은하 대마젤란운(16만 광년)과 소마젤란운(20만 광년)도 그 무리다.

국소 은하군 중에는 안드로메다은하와 우리은하가 그 중심을 이룬다. 이 두 은하는 크기나 모양도 비슷해서 마치 〈겨울왕국〉에 등장하는 엘사와 안나를 보는 것 같다. 안드로메다은하가 조금 더 커서 언니의 품격이 느껴진다. 또 이 두 은하는 진심으로 서로에게 끌리고 있다. 이 두 은하 사이의 인력이 강력하기 때문이다.

우주에 있는 물질은 암흑물질까지도 모두 만유인력의 법칙을 따른다. 다시 말해 인력은 두 물질의 질량 부피에 비례하며 두 물체의 거리에 반비례하므로 무거운 은하끼리는 특히 더 끌어당긴다. 천문학에서는 인력을 중력으로 부르기도 한다. 인력을 중력으로 바꿔서 천문 서적을 읽어 보면 좋다.

실제로 안드로메다은하의 운동을 조사해 보면 그보다 먼 은하는 전부 우주의 팽창에 따라 지구에서 거리가 멀어지는 방향으로 운동한다. 그에 비해 근처에 있는 안드로메다은하는 지구에 접근하는 방향으로 움직인다는 사실을 알 수 있다. 안드로메다은하와 우리은하의 거리는 230만 광년이다. 도대체 언제 두 은하가 충돌할까?

안드로메다은하는 현재 시속 40만 킬로미터 정도의 속도로 접근해서 약 45억 년 후에 충돌할 것으로 예측된다.

✦ 우주에서는 은하 충돌이 흔한 일

두 은하가 충돌하면 어떤 일이 일어날까? 안드로메다은하의 항성이 태양계에 충돌할까? 상상만 해도 공포 대왕이 하늘에서 떨어지는 느낌이 드는데 아무래도 그런 걱정은 안 해도 될 듯하다. 공연히 가슴앓이를 할 필요는 없다. 그 말인즉슨 한 은하 안에서의 항성 밀도는 유럽 대륙의 벌 세 마리로 비유할 수 있을 정도로 희박하다. 따라서 정면 충돌할지 아니면 돌아 들어가서 겹칠지는 알 수 없지만 어떤 상황이든 수많은 별들은 서로 피해 간다. 단 전체적으로는 중력의 영향을 받기 때문에 여러 번 왕래한 후 하나의 커다란 타원 은하로 성장할 것으로 예상된다.

우주를 관찰하면 그런 은하가 서로 충돌하는 현장(충돌 은하)이나 크게 성장해서 나선 팔이 없는 수많은 대형 타원 은하의 존재를 확인할 수 있다. 45억 년 후까지 태양과 지구가 지금과 똑같이 안정적인 환경과 상태를 유지할지는 알 수 없다. 하지만 그 시기에 여전히 인류가 존재한다면 밤하늘이 지금보다 더 화려해져서 완전히 하나로 융합되기까지 오랜 시간 동안 마치 은하수 두 개가 있는 듯한 호화찬란한 밤하늘을 즐길 수 있을 것이다.

무서울 만큼
가속 팽창하는
우주

☆ 우주도 영원한 존재는 아니다

우주가 정적이고 안정적이며 영원한 존재라면 우리는 좀 더 편안함을 느낄지 모른다. 그러나 불안을 자극하는 것 같지만 사람에게 수명이 있듯이 태양에도 수명이 있다. 그 결과 지구에 사는 생물에게도 멸종의 시기가 찾아오며 우주 자체도 동적이라서 언젠가 종말을 맞이한다.

138억 년 전에 우주는 빅뱅으로 탄생했다. 그 후 우주는 계속 팽창하고 있는데, 놀랍게도 지금으로부터 60억 년쯤 전부터는 그 팽창 속도가 더욱더 가속되었다고 한다. 그러나 그 원인에 대해서는 정확히 알려지지 않았다.

약 100년 전 20세기 초까지는 과학자들도 우주가 정적이며 영원한 존재라고 믿었다. 아인슈타인은 1915년 일반상대성이론을 발표한 후 1916년 아이슈타인 방정식을 발표했는데 그 방정식의 분석을 통해 여러 과학자들은 우주가 팽창한다는 사실을 깨달았다.

예를 들면 네덜란드의 빌렘 데시터르는 1917년에 우주는 일정한 크기까지 수축하면 더 이상 수축할 수 없는 한계에 다다르며 또다시 팽창하여 무한으로 확대될 가능성을 제안했다(데시터르 우주).

빌렘 데시터르(Willem de Sitter)
(1872~1934)

구소련의 프리드만은 1922년에 우주는 팽창하거나 수축할 가능성을 주장했다(프리드만 우주).

알렉산드르 프리드만(Alexander Friedmann)
(1888~1925)

또한 벨기에의 우주물리학자이자 가톨릭 신부이기도 한 르메트르는 1927년에 아인슈타인 방정식을 풀고 프리드만 우주에 상당하는 팽창론을 프리드만과는 달리 독자적으로 유출했다(르메트르 우주). 르메트르는 은하가 멀어지는 속도와 지구에서 은하까지의 거리 사이에는 비례 관계가 있다고 예측했고 훗날 허블 정수까지 구했다.

조르주 르메트르(Georges Lemaître)
(1894~1966)

에드윈 허블(Edwin Hubble)
(1889~1953)

미국의 허블은 1929년 먼 은하일수록 빠른 속도로 지구에서 멀어진다는 가설, 즉 우주가 팽창한다는 이론을 실제로 관측해서 이끌어 냈다. 그는 캘리포니아주에 있는 윌슨산 천문대의 2.5미터 망원경을 이용해서 다양한 은하의 분광 관측(분광기를 망원경에 장착해서 천체의 스펙트럼을 촬영하는 관측)을 실시했다. 스펙트럼에 나타난 적색편이의 양에서 먼 은하일수록 멀어지는 속도(후퇴속도)가 크다는 것을 제시했다(하지만 안드로메다은하 근처에 있는 은하는 제외한다).

아인슈타인 방정식을 발표한 당사자인 아인슈타인은 허블이

이 법칙을 발견하기 전까지 우주는 영원히 변화하지 않는 똑같은 크기의 우주라고 믿어 의심치 않았다. 그래서 우주의 팽창을 저지하기 위해 일부러 자신의 방정식에 '우주항' 또는 '우주정수'라고 불리는 팽창 저지항을 더했지만 윌슨산 천문대로 허블을 찾아가 우주 팽창을 관측한 사실을 확인하자 우주항을 더한 것을 부끄럽게 여겼다고 한다. 또한 우주 팽창을 나타내는 이 법칙은 '허블-르메트르의 법칙'으로 불린다. 이렇게 해서 우주가 영원불멸한 존재가 아니라는 사실을 사람들은 알게 되었다.

상식이 통하지 않는 우주

우주가 팽창한다는 사실은 허블-르메트르 법칙의 발견을 통해 밝혀졌다.

그러나 프리드만도 깨달았겠지만 우주에 포함되는 물질은 서로 중력을 미치므로 어떤 에너지 때문에 지금은 팽창했다고 해도 그 에너지의 쇠퇴와 함께 언젠가 물질이 가진 중력으로 인해 눈에 띄게 감속할 것이다.

그런데 1998년 캘리포니아 공과대학의 사울 펄머터 그룹과 호주의 브라이언 슈밋 그룹이 독립적이면서도 거의 동시에 60억 년 정도 전부터 우주 팽창이 가속하고 있다는 놀랄 만한 사실을 밝혀냈다.

솔 펄머터(Saul Perlmutter)

(1959~)

브라이언 슈밋(Brian P. Schmidt)

(1967~)

이 두 연구 그룹은 먼 은하에 나타나는 Ia형 초신성으로 불리는 천체 현상에 주목했다. 이 초신성 폭발은 앞에서 소개한 무거운 항성의 마지막에 일어나는 초신성 폭발(Ⅱ형 초신성 폭발)과 달리, 백색 왜성과 적색 거성의 쌍성 등으로 발생하는 초신성 폭발이다.

똑같은 물리적 구조에서 한계에 달했을 때 폭발 현상이 일어나기 때문에 Ia형 초신성 폭발의 경우는 폭발할 때의 밝기가 언제 어디에서 일어나도 똑같고 동일한 에너지 양을 방출한다. 그래서 외관상 밝기를 조사하고 그 절대량의 밝기 차이를 통해 지구로부터 그 은하까지의 거리를 조사할 수 있다. 이 현상을 오랫동안 세밀히 조사한 두 연구 그룹은 거의 동시에 수많은 Ia형 초신성 폭발 데이터를 분석한 결과 우주가 60억 년 전부터 가속 팽창하고 있다는 사실을 알아냈다.

우주의 가속 팽창 원인로 암흑에너지

우주가 줄곧 가속 팽창하고 있다는 것은 우주를 팽창시키는 어떠한 힘(척력)이 우주에 존재한다는 사실을 나타낸다. 과학자들은 바리온과 암흑물질이 중력=인력으로 작용하는 데 비해 척력을 만들어 내는 정체를 알 수 없는 이 에너지를 암흑에너지라고 이름 붙였다. 연구자는 뭐가 뭔지 도무지 알 수 없을 때에는 암흑이라고 부르는 습관을 갖고 있는 것 같다.

우주가 가속 팽창하는 원인, 즉 암흑에너지의 성질에 대해서는 현재 전혀 모른다. 이 얼마나 기분 나쁜 일인가.

원래 아인슈타인이 정지 우주 모델을 만들기 위해서 도입한 아인슈타인 방정식의 우주정수가 이 암흑에너지의 발견을 예언했다고도 할 수 있다. 올바른 값의 우주정수라면 우주 전체에 척력을 미치게 하는 효과를 설명하는 역할도 하기 때문이다. 적당한 값의 우주정수 존재를 가정하면 관측에 모순되지 않는 가속 팽창을 설명할 수 있다. 하지만 그것만으로는 기호의 모순 없애기에 지나지 않으며 본질은 전혀 밝혀지지 않는다.

암흑에너지와 진공 에너지를 연결해서 고찰하는 연구자도 있다. 양자물리학의 장이론(Field Theory)에 따르면 우주가 탄생했을 때 장의 영점 에너지에 기인하는 진공 에너지가 필요하다. 그러나 진공 에너지의 값은 관측으로 얻은 암흑에너지 양=우주정수를 충족시키려면 120자리 이상이나 부족한 양이라는 계산 결과가 발표되었다.

가속 팽창의 원인으로는 진공 에너지 외에도 여러 가지 아이디어가 제안되었지만 어느 설명이나 충분히 만족할 만한 답은 아니었다. 암흑에너지라고 이름 붙인 가속 팽창의 원인은 정말로 수수께끼 자체다.

우주의 수명은
앞으로 몇 년?

🪐 우주가 팽창하면 무슨 일이 일어날까?

현재의 우주는 빅뱅 이후 계속 팽창하고 있다. 그러나 그 팽창 속도는 일정하지 않은데 지금으로부터 약 60억 년 전, 즉 빅뱅 후 80억 년 정도 지난 후부터 팽창 속도에 가속이 붙었다. 이는 먼 은하를 관측하다 그곳에 나타난 Ia형 초신성 조사를 통해 알게 되었다.

우주가 지금보다 더 팽창하면 어떤 일이 일어날까? 지구에 사는 인류에게는 이 거대한 우주의 팽창이 우리 생활과 아무런 관계가 없는 것처럼 느껴진다. 계속 팽창하는 동안에는 확실히 지

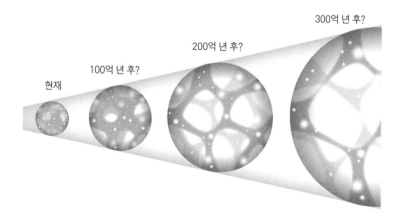

현재　　100억 년 후?　　200억 년 후?　　300억 년 후?

금의 상태를 유지하지만 먼 미래, 약 수천억 년 정도가 지나면 우주는 완전히 차갑게 식어서 에너지를 잃을 수 있다. 다시 말해 우주는 언젠가 종말을 맞이한다.

우주의 미래는 어떻게 될까?

　　우주의 팽창 속도를 점점 빠르게 하는 것은 암흑에너지인데 앞에서 말했듯이 이 암흑에너지가 무엇인지 현대 과학으로는 전혀 밝혀내지 못했다. 결국은 앞으로도 암흑에너지의 양이 일정한지, 계속 증가할 것인지 또는 감소할 것인지조차 예상할 수 없다. 그래서 우주의 미래는 아직 상상의 세계지만 그것에 관해서는 여러 가지 가능성이 제기되고 있다.

암흑에너지가 계속 증가할 경우에는 우주 팽창이 더욱더 가속한다. 그 때문에 상황에 따라서는 수억 년 정도 안에 우주가 부풀어 오르고 모든 것이 찢어져서 종말을 맞이할 수도 있다. 이런 급격한 우주 팽창의 결말을 빅립(Big Rip)이라고 한다. 이 경우 우주의 종말까지 기껏해야 수억 년밖에 안 남았을지 모른다.

한편 암흑에너지가 감소하거나 사라지면 우주는 자신의 중력 때문에 수축할 수도 있다. 수백억 년에 걸쳐서 수축이 지속된다면 결국에는 우주 전체가 한 점으로 찌그러져서 종말을 고할지 모른다. 이처럼 우주가 한 점으로 되돌아가는 것을 빅크런치(Big Crunch)라고 한다.

1998년에 우주의 가속 팽창이 발견되기 전까지는 빅크런치가 매우 대중적인 개념이었다. 하지만 현재의 관측 사실에서 보면 수많은 과학자들이 이 개념에 부정적이다. 단 빅크런치의 경우는 그 상태에서 또다시 새롭게 우주가 팽창할 가능성도 제기된다.

그러나 이러한 빅립이나 빅크런치를 맞이하는 우주는 어디까지 상상의 범위일 뿐이다. 사실은 아무것도 알 수 없다. 따라서 암흑에너지에 대한 의문을 반드시 밝혀내야 한다.

이 상태로 계속 팽창하다 완전히 차갑게 식어서 에너지를 잃어버리는 건가? 아직 아무것도 알 수 없어…

무서워…

11차원 우주와
멀티버스(다중 우주)는
하나가 아니다

우주를 표현하는 세 가지 정의

우리가 살고 있는 이 우주를 유니버스 또는 코스모스라고 한다. 한편 지구의 대기권 밖이라는 의미의 우주는 스페이스라고 한다. 똑같은 우주라도 정의가 다르기 때문에 조금 까다롭지 않은가?

코스모스란 카오스의 반의어로 조화를 이룬 것이라는 의미다. 한편 유니버스의 uni는 '하나'라는 의미의 접두어이므로 유일한 존재라는 뜻이다. 또 우리는 유니버스를 삼라만상으로도 이해해왔다.

같은 의미의 단어로 '우주(宇宙)'라는 말이 있는데 우리가 사는 세계의 가장 바깥쪽에 있는 프레임을 표현했다. 우(宇)는 무한한 공간의 확대를 의미하며 주(宙)는 무한한 시간을 나타낸다. 이는 공간의 가로·세로·높이에 시간을 네 번째 차원으로 더하는 생각이다. 그래서 중국에서는 일찌감치 우주가 4차원이라는 점을 깨달았다.

초끈이론으로 우주를 해명할 수 있을까?

이 우주에는 우주의 시작이나 블랙홀의 중심 등 현대물리학에서는 풀지 못하는 특이점이 존재한다. 그 점에서 과학자들은 우주가 가장 높은 차원으로 구성되어 있다고 가정하면 어떻게 될 것인지 상상했다. 즉 어떻게 하면 특이점을 회피해서 인류가 알고 있는 수학이나 물리학으로 다룰 수 있는 대상이 될지를 목표로 한 것이다.

138억 년 전에 우주가 무에서 탄생했다고 하면 시간이나 공간도 0이 되어 전혀 계산을 진행할 수 없다. 그래서 생각해낸 것이 초끈이론(Super String Theory)이다. 우주는 원래 11차원의 존재이며 여러 차원이 마치 기다란 고무줄처럼 끈으로 이루어져 있어 그 차원이 접힌 끈이야말로 우주가 시작될 때 존재했다는 아이디어다.

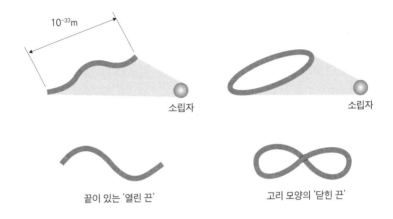

★ 모든 물질은 끈으로 이루어져 있다 ★

10^{-33}m

소립자

소립자

끝이 있는 '열린 끈'

고리 모양의 '닫힌 끈'

또한 초끈이론에서는 현재 존재가 증명된 17종류의 소립자(쿼크와 뉴트리노, 전자와 광자 등)가 물질의 최소 단위가 아니라 소립자는 훨씬 작은 '끈'으로 이루어져 있다고 예상한다.

물질을 자세히 분류하면 먼저 분자나 원자라는 형태를 들 수 있다. 분자는 원자의 집합체이며 각각의 원자는 그보다 작게 분류할 수 없는 물질의 기본 단위다. 이 원자의 내용물을 살펴보면 양자와 중성자가 모인 원자핵과 그 주위를 둘러싼 전자들로 이루어져 있다.

전자는 더 이상 세분할 수 없는 소립자 중 하나다. 양자와 중성자는 위 쿼크와 아래 쿼크가 각각 세 개씩 이루어져 있다. 쿼크에

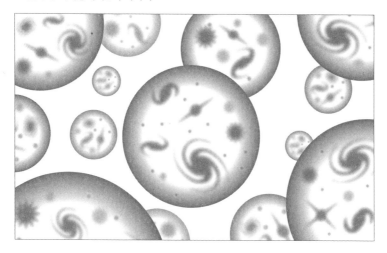

　는 여섯 종류가 있는데 이 쿼크도 더 이상 나눌 수 없는 소립자라고 추정되어 왔다.

　또한 현재 광자나 힉스 입자 등 총 17종류의 소립자가 발견되었는데 초끈이론에 따르면 이 소립자들은 전부 끈 하나에 지나지 않는다고 한다. 그 끈 하나가 진동하는 방법에 따라 다른 종류의 소립자 성질을 표현할 수 있다는 개념이다.

　이는 마치 기타를 연주할 때 단 한 줄만으로도 진동하는 방법에 따라 다른 음으로 들리는 것과 똑같이 생각하면 쉽게 이해할 수 있다. 그러나 다양한 이론물리학자가 초끈이론에 도전하고 있기는 하지만 소립자가 끈이라는 증거는 아직까지 찾지 못했다.

물론 11차원의 우주는 가설일 뿐이다. 슈퍼스트링(초끈)이나 11차원 우주의 아이디어를 고려하면 우주는 유일(uni)하지 않고 여러 개 있어도 상관없다는 놀라운 결론에 도달한다. 우주가 더욱더 혼돈에 빠진 것처럼 느껴지지 않는가? 현재로는 수많은 이론물리학자들이 이 멀티버스(Multiverse, 다중 우주)의 개념을 지지하고 있다.

멀티버스는 이 비눗방울 속에 우주가 하나하나 들어 있는 느낌일까?

우주의
크기조차
잘 모른다

✦ 우주론의 깊은 고민

우주의 시작부터 현재에 이르기까지의 진화 과정을 주로 물리학의 기법을 이용해서 밝히려고 하는 학문을 우주론(Cosmology)이라고 한다.

일반적으로 과학적인 접근법이란 실험과 관측의 결과를 어떤 논리로 설명할 수 있는 이론을 구축하고 그 이론에서 새롭게 생긴 의문이나 모순을 실험과 관측으로 다시 조사해서 새로운 이론이 도출되는 연속적인 흐름을 말한다.

우주론의 경우에도 관측천문학과 이론천문학이 서로 도와서 우주의 시작부터 앞에서 소개한 우주의 종말까지 과정에서 생긴 의문을 해결하는 데 도전했다. '외계인'·'우주론'·'블랙홀'은 종 종 천문 3대 이야기로 놀림을 받을 만큼 가장 많은 사람들이 관 심을 보이는 연구 주제다.

하지만 유감스럽게도 우주의 미래는 물론 우주가 시작된 모습 이나 현재 우주의 크기조차 여전히 알 수 없는 것으로 가득한 학 문 분야다. 이는 우주론의 대부분을 차지하는 연구 주제가 관찰 과 실험을 재현하기 어렵기 때문이다. 우주의 시작이 138억 년쯤 전이라는 것은 다양한 관측 사실로 거의 밝혀졌지만 타임머신이 없는 이상 그 모습을 확인할 길이 없다.

우주의 역사를 포함해서 모든 역사학은 실험과 관찰을 반복할 수 없는 불가역적 과정이다. 우주의 '주(宙)'는 이러한 무한의 시 간 축을 의미하는 말이며 그 시간 축 위에서 일어난 일을 올바르 게 이해하기란 매우 어렵다.

한편 우주론이 다루는 현재의 우주 전체 크기도 연구를 어렵게 만드는 요인 중 하나다. 우주의 '우(宇)'는 무한한 공간을 의미하 는데 실제로 현재 우주의 크기를 우리는 정확하게 알 수 없다. 우 주 규모의 시간 축과 공간 축으로 연구할 경우에는 관측천문학에 그 한계가 있다. 가로·세로·높이라는 3차원 공간에 시간을 더한 4차원의 시공에서 우리가 관측할 수 있는 우주는 먼 곳을 볼수록 옛 모습만 보인다는 특징이 있다. 예를 들어 1억 광년 전의 은하를 조사하거나 이해하는 작업을 할 때 '광년'은 거리의 단위지만 관측할 수 있는 것은 1억 년 전 그 은하의 모습뿐이다. 이 은하의 현재 모습은 지금으로부터 1억 년이 지나야 지구에서 볼 수 있다. 즉 먼 곳에서 일어난 현상은 그 순간에 보거나 체험할 수 없고 그 거리(광년)만큼의 세월이 지난 후에 알거나 체험할 수 있다.

관측할 수 없는 존재를 이해할 수 있을까?

우주는 138억 년 전에 탄생해서 인플레이션과 빅뱅이라는 특별한 현상을 거친 후 지금도 그 공간이 계속 넓어지고 있다. 하지만 현재 확대되는 규모를 정확하게 측정할 수 없다. 거기에 4차원 우주 연구의 한계가 있기 때문에 관측 사실을 연결하여 보이지 않거나 알 수 없는 부분을 이론과 결부시키는 이론천문학이 등장했다. 그러나 대부분의 경우 결국 논문으로 작성되는 수많은 논리나 이론을 관측으로는 확인할 수 없다는 딜레마에 빠진다. 앞에서 소개한 멀티버스도 우리의 우주(유니버스) 이외의 우주는 논리상 관측하여 인식할 수 없다.

또한 우주에 대한 설명을 어렵게 하는 것은 우리의 상식을 벗어난 우주의 시간과 공간 규모뿐만 아니라 그 환경이 예상할 수 없는 극한 상태를 포함하기 때문이다. 항성 내부에서 늘 일어나는 수소의 핵융합 반응은 엄청난 고온·고압 상태를 반드시 유지하고 있다. 인류는 수소 폭탄이나 원자 핵융합로에서 순간적으로는 그 상태를 만들 수 있어도 유지할 수는 없다. 다시 말해 핵융합을 관찰하여 이해하는 데는 한계가 있다. 우주의 시작이나 블랙홀의 중심 등 특이점의 존재는 좀 더 심각하다. 일반적인 물리학 기법으로는 다가갈 수 없는 특이한 상태를 어떻게 밝혀낼 것인지 이론 분야와 실험 및 관측 분야에서도 밤낮없이 온갖 대책을 계속 찾고 있다.

믿을 것은 '이론의 망원경'

이렇듯 우주론을 해명하기란 만만치 않다. 그 연구를 뒷받침하는 것은 '이론의 망원경'이라고도 불리는 전용 계산기와 슈퍼컴퓨터다. 이론천문학자 대부분은 컴퓨터를 활용해서 조사하고 싶은 현상을 재현하고 그 결과가 관측 사실과 모순되지 않는지 확인한다. 이를 시뮬레이션 천문학이라고 하는데 이때 시뮬레이션에 사용한 계산식이나 패러미터(변수나 정수)를 검토해서 수정하고 다시 계산해서 관측 사실에 가장 적합하다고 생각되는 이론이나 정수를 결정한다.

하지만 슈퍼컴퓨터나 AI가 아무리 발전한다고 해도 그 계산식을 만들기 위한 전제인 이론이 구축되지 않거나 시뮬레이션 결

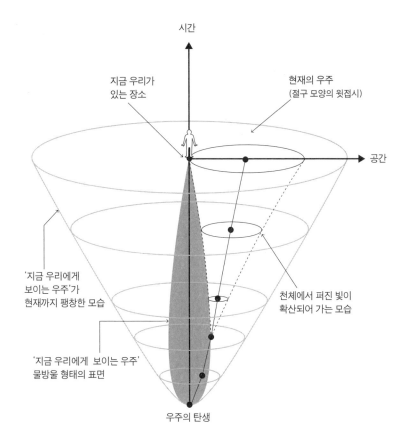

★ 우주도 ★

시간

지금 우리가
있는 장소

현재의 우주
(절구 모양의 윗접시)

공간

'지금 우리에게
보이는 우주'가
현재까지 팽창한 모습

천체에서 퍼진 빛이
확산되어 가는 모습

'지금 우리에게 보이는 우주'
물방울 형태의 표면

우주의 탄생

과를 올바르게 판단할 수 있는 함축이 없으면 단순한 숫자 맞히기가 되고 만다. 그래서 이론 연구는 대뇌피질을 가장 혹사하는 심오한 연구 활동이라고도 할 수 있겠다.

우리의
고독은 언제까지
지속될까?

✦ '우주 원리'는 어디까지 성립할까?

'우주 원리'는 우주를 연구할 때 가장 기본이 되는 생각
이다. 우주 원리란 138억 년 전에 일어난 빅뱅으로 작은 공간이
팽창해서 지금의 광대한 우주가 된 이상 우리 주위에서 일어나
는 현상은 먼 우주에서도 일어날 수 있을 것이라는 예측이다.

예를 들어 물리학의 고전역학과 상대성이론이나 양자론, 빛이
나 전자파의 전달 등도 기본적으로는 우주 어디에서나 성립한다
고 가정하는 것이 우주 원리다.

그러나 이 책에서 소개했듯이 엄밀히 말하면 부분적으로는 우

리가 아는 물리법칙이 성립하지 않는 곳도 있다. 블랙홀이나 빅뱅 전의 우주가 시작되는 순간이다. 우주에는 이러한 특이점이 존재하지만 우리가 이해하지 못했을 뿐이다. 그곳에서의 물리법칙은 똑같은 조건과 환경이 마련된다면 성립할 수 있다.

우리가 알고 있는 기본적인 물리법칙이 우주 어디에서나 성립한다면 화학 이론에서도 성립할 듯하다. 즉 우주에서의 화학 조성이나 물질의 종류, 화학 반응의 방법 등 고등학교 때까지 배우는 화학 지식이 지구 이외의 환경을 이해하는 데 도움이 될 것 같다.

보이저를 비롯해 태양계 탐사선이 지구 외의 태양계 천체에 접근해 지구과학 분야인 화산과 지진, 판 구조론이나 자기장, 오로라, 온갖 기상 현상 등을 관측했다. 이로써 태양에서 멀리 떨어진 토성의 위성 타이탄이나 명왕성에서도 지구과학 현상의 우주 원리가 성립한다는 점이 확인되었다.

우주생물학이 알려주는 지구 밖 생명체의 존재

드디어 생물 분야가 등장할 차례다. 여기까지 오면 우주 원리는 생물학에서도 성립할 것 같다. 그 새로운 학문이 우주생물학(Astrobiology)이다. 우주생물학은 이제 막 성립하기 시작한 학문이지만 우주생물학 연구가 진행되면 '왜 38억 년쯤 전에 지구에 생명체가 살게 되었을까?', '그때 생명체는 어디에서 생겨났을까?', '생명체가 발생하는 조건은 무엇일까?' 등과 같은 수많은 의문을 풀 수 있을 것이다.

현재 생명체가 발견된 곳은 지구뿐이다. 하지만 지구를 제외한 우주 어디에도 생명체가 존재하지 않는다고 생각하는 것은 우주 원리에 맞지 않는다. 물론 생명체가 탄생해서 진화하는 조건은 꽤 까다로울 수 있지만 지구와 같은 환경의 천체가 우주에는 많이 있을 듯하다.

지구 밖 생명체를 부정하는 것은 논리상 어렵다. 좀 더 자세히 말하자면 지구상에서 생명이 탄생한 지 38억 년이 지난 현재 인류와 같은 지적 생명체까지 진화했으니 우주의 어느 별에 우리와 소통할 수 있는 외계인이 존재해도 논리상 이상하지 않다.

우리는 누구인가? 우리는 어디로 가는가?

지금 우주는 매우 재미있는 시대를 맞이했다. 5천여 년 전에 시작된 하늘에서 보내온 편지를 해독하는 천문 분야에 수백 년에 한 번뿐인 적기가 찾아왔다. 빛이나 전파 등 오래전부터 전해져 오는 편지에 더해서 2015년에는 새롭게 하늘에서 보내온 중력파가 처음 검출되었다. 이로써 멀티메신저 천문학이 막을 열었다. 한편 지구 밖 생명체 탐사도 절정에 접어들었다. 하늘에서 보내온 편지만 50세기가 넘도록 해독해 온 인류가 드디어 하늘로 편지를 보내는 시대가 찾아오려고 한다.

'우리는 누구인가? 우리는 어디로 가는가?'라는 질문에 대해 천문학은 하나의 해답을 끌어내리려고 했다. 인류는 400년 전에 지구 중심의 우주에서 태양 중심의 우주라는 코페르니쿠스의 패러다임 전환을 경험했다. 우리는 가까운 미래에 또 하나의 커다란 패러다임 전환을 경험할 수 있다. 지적 생명체와의 소통도 더 이상 꿈같은 이야기가 아니다. 극단적으로 말한다면 그것은 마치 스타워즈와 같은 세계다.

'천문학은 무슨 도움이 됩니까?'라고 질문하는 사람이 종종 있다. 천문학은 음악이나 산술, 기하와 함께 5천 년이 넘는 역사를 지닌 가장 오래된 학문 중 하나다. 별의 움직임을 알고 별의 위치를 측정하는 일은 달력을 만들고 시각이나 방위를 아는 등 '실학'으로서 문명의 발상과 함께 반드시 필요했다.

또한 우주 자체가 '신앙'의 대상이었던 점이 천문학의 발전과 깊은 관계가 있는 것도 사실이다. 옛날에는 점성술과 천문학이 동일시되었을 만큼 둘은 떼려야 뗄 수 없는 관계였다.

그리고 인류는 별이 뜬 하늘을 바라볼 때마다 '나는 누구인가? 이곳은 어디인가?' 또는 '우주에서 인류는 고독한 존재인가?'라고 별과 대화하며 자문자답했다.

이렇듯 우주는 예로부터 인류의 지적 호기심을 자극하는 대상이었다. 천문학이 '모두의 과학' 또는 '과학계의 철학'으로 불리는 이유다. 최근에는 우주에 대한 관심이 사람들의 마음을 치유하고 미래에 대한 희망, 즉 개인의 행복 실현을 위한 도구(문화)로 성장했다. 천문은 학술로서 흥미로울 뿐만 아니라 문화로서도 앞으로 더욱더 개인의 행복 실현에 유용한 존재가 될 것이다.

연결되어 있는 사회와 생명

별이나 우주를 접하다 보면 왠지 모르게 '사소한 일로 고민해 봤자 소용없다'는 긍정적인 생각을 하게 되는 사람이 많은 듯하다. 자신의 '존재 이유'나 '위치'를 모르는 것만큼 불안한 일은 없다. 하지만 우주를 느끼고 자신의 존재 이유와 자신이 살아갈 목적을 알면 사람들의 삶은 크게 달라질 수 있다. 우주에 대해 알면 자신의 존재 이유나 자신이 놓인 위치가 살짝 보이는 순간이 찾아온다. 그리고 그런 변화는 개인에게만 해당하는 것이 아니다.

별과 우주를 친근하게 느끼는 '천문 문화'가 개발도상국에서도 진전을 보이고 있다. 가장 뚜렷한 사례가 콜롬비아의 메데인시다. 2013년 《월스트리트 저널》은 이 낯선 도시를 '가장 혁신적인 도시' 1위로 선정했다. 그 도시 혁신화의 중심에는 음악, 스포츠,

예술과 함께 과학과 우주가 있었다.

콜롬비아는 대대적인 개혁을 통해 그때까지 문제가 많은 치안과 내부 갈등을 극복하려고 애써 왔다. 2012년에는 메데인에 근대적인 플라네타륨(천체투영관)이 완성되었다. 플라네타륨의 카를로스 몰리나 관장이 매우 흥미로운 일화를 소개했다.

열다섯 살 정도의 갱단 청소년들이 플라네타륨에 찾아왔다. 평소에는 학교에도 가지 않고 패거리 싸움에 몰두하느라 마음이 피폐해진 청소년들이다. 갱단의 두목이 플라네타륨 프로그램을 끝까지 보고 돔에서 나오자마자 무기를 버리며 이렇게 말했다고 한다. "우리는 늘 좁은 영역 싸움을 반복해 왔는데 잘못 알았어요. 지구 전체가 인간이 속한 영역이군요." 그 후 싸움이 잦아들고 청소년들은 학교에 다니기 시작했다고 한다.

모든 문제는 가난에서 비롯되기에 개발도상국의 국민들은 과학기술이 국가와 국민에게 경제적 풍족함을 가져다줄 것이라고 믿고 있다. 하지만 과학기술의 발달은 물질적·경제적 풍요로움뿐만 아니라 마음의 풍요로움까지 가져다준다. 광활한 우주를 알게 되기 때문이다.

그날 플라네타륨에서 청소년들에게 보여 준 프로그램은 우주와 인류의 관계를 생각하는 내용이었다고 한다. 카메라 시선이 먼저 메데인의 도시 한구석에 있는 플라네타륨에서 시작해 서서

★ 사진 5_ 아폴로 11호 우주선에서 촬영한 달의 지평선 위로 떠오르는 지구의 모습 ★

히 상공으로 펼쳐지며 도시 전체, 남미 대륙, 지구, 태양계, 우리 은하, 우주 전체로 프레임이 확대되어 가는 내용이었다. 우주, 즉 삼라만상의 모습을 끊어짐 없이 전달했다.

　세계 각국의 정상들도 이와 같은 프로그램을 보면, 다시 말해 지구가 우주 안에서 닫혀 있는 작은 조직이라는 사실을 인식하면 세계는 좀 더 살기 좋아지지 않을까?

　모든 사람이 우주를 관찰하는 시점을 가지면 세계 평화가 이

뤄질 듯한 느낌이 든다. 또 세계 평화는 이 순간의 세상을 보는 것만으로는 해결책을 얻을 수 없다. 과거에서 배우는 것도 있겠지만 그것만으로는 불확실하다. 미래를 예측하는 것이 중요하다. 우주를 이해하려고 하면 미래가 보인다. 천문학은 커다란 틀에서 생각할 수 있는 시야를 제공해 준다. 커다란 틀에서 매사를 본다는 것은 매우 중요하다. 또 천문학의 '우주 원리'에 대응하는 인류의 '인간 원리'와 같은 원칙이 존재하므로 미래에는 이를 누구나 인식함으로써 더 잘 살 수 있을 것이다.

천문학을 소통 수단으로

우주 원리는 근시안적인 안목으로는 알 수 없다. 시야를 넓혀서 부감적으로 대상물을 관찰해야 한다. 인간 사회에서도 한정된 부분에만 주목하면 사람과 사람, 나라와 나라의 '차이'만 눈에 띈다. 또 자기 입장만 고집해서 서로의 공통성을 찾아내지 못하고 분쟁이 끊이지 않는다.

그러나 좀 더 큰 스케일로 살펴보면 모든 사람에게 공통되는 중요한 것, 인간 원리를 찾아낼 수 있지 않을까? 그렇게 본다면 우리는 서로 싸워야 할 적이 아니라 동료, 친구라고 느낄 수 있을 것이다.

고대인에게 천문학은 소통 수단이 아니었을까? 말하자면 사람과 사람이 다시 만날 것을 약속할 때 계절과 시각·장소를 알 수 있게 도와주는 천문학은, 사람과 사람을 이어 주고 인간이 되도록 하는 데에 있어 중요한 수단이었을 것이다.

미래에 지적 생명체(외계인)와의 소통 수단도 그 천체를 찾아내는 '천문학'과 정보를 주고받기 위한 '수학=디지털 신호=IT 기술', 또 서로 마음을 전하기 위한 음악이 될 수 있다.

그렇다면 과거와 미래를 연결하는 현재 사회에 사는 우리에게도 천문학·수학·음악은 인류 전체의 공통 교양으로서 자신과 타인 간의 문화적인 소통 수단으로 중요하다. 음악과 인터넷 문화처럼 별과 우주도 모든 현대인에게 친근하고 반드시 필요한 존재일지 모른다.

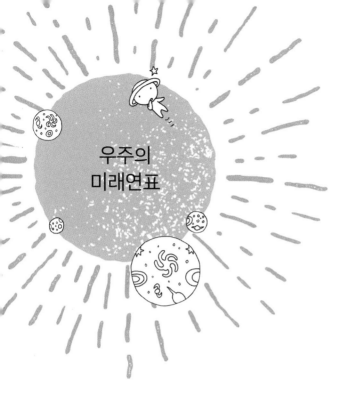

우주의
미래연표

앞으로 예상되는 공포를 과감히 예측한다

　여기까지 읽은 독자 여러분은 우주란 인류에게 지적 호기심의 대상으로 매력적인 존재인 동시에 의외로 무서운 존재이기도 하다는 사실을 이해했을 것이다. 여기서는 이 책을 정리하며 앞으로 예상되는 공포를 과감하게 예측해 보려 한다. 단 근거가 그다지 확실하지는 않은 점에 주의하기 바란다. 또한 그것만으로는 미래가 부정적으로 느껴질 테니 앞으로 기대되는 천문현상과 천문학 뉴스도 추가로 소개하려고 한다.

★ 미래의 우주에서 일어날 수 있는 공포(기대되는 천문 현상 등도 포함) ★

2020년 12월	하야부사 2호가 지구로 귀환
2020년 12월 21일	목성과 토성의 대접근(염소자리에서)
2020년~	우주 쓰레기와의 충돌과 우주 쓰레기의 지구 낙하로 발생하는 재해의 심각화
2024년~	거대 플레어의 델린저 현상과 자기폭풍
2020년대	아르테미스 계획(인류의 두 번째 달 착륙)
2025년	토성 고리의 소실(외관상), 그 후로는 2040년, 2055년…… 15년 주기로 고리 소실
2030년 6월 1일	일본 홋카이도에서 금환일식
2030년경?	탐욕 자본주의의 결과로 경제 파탄? 또는 제3차 세계대전?
2030년대?	인공위성으로 완전히 뒤덮이는 별하늘?
2030년대	인류가 화성을 걷는다?
~2030년대?	지구 밖 생명체 발견?
2032년	템펠 터틀 혜성 회귀. 이 무렵 사자자리 유성우 출현? 거의 33년 주기로 대출현
2035년 9월 2일	일본 기타간토 지방에서 호쿠리쿠 사이 개기일식
2038년 2월 20일	목성과 천왕성의 대접근(쌍둥이자리에서)
2040년 9월 4일 전후	저녁 무렵 서쪽 하늘에서 5대 행성의 집합(수성, 금성, 화성, 목성, 토성)
2041년 10월 25일	일본 주부·긴키 지방에서 금환일식
2042년 4월 20일	일본 하치조지마(八丈島)와 오가사와라(小笠原) 사이의 해상에서 개기일식
2061년 여름	핼리 혜성 회귀
2063년 8월 24일	일본 하코다테, 아오모리에서 개기일식
2060년대?	프록시마b 행성의 탐사 결과가 지구에 도착(브레이크스루 스타샷 계획)
2070년 4월 11일	태평양 위에서 개기일식
21세기 중?	지구 외 지적 생명체(외계인)와의 교신 성공?

※이 책은 일본에서 2020년에 출간되었기 때문에 2020년 우주에서 일어날 공포의 상황이 포함되었다.

2100년경?	지구 온난화가 심각해져(평균 기온이 5도나 상승) 인류는 급속히 파멸로 향한다?
2117년 12월 11일	금성의 태양면 통과(2012년 6월 6일 관측된 후로는 2117년, 2125년, 2247년, 2255년, 2360년, 2368년, 2490년에 일어날 것으로 예상된다)
2125년	스위프트 터틀 혜성이 회귀할 것인가? 1862년 7월에 루이스 스위프트와 호레이스 터틀이 독립적으로 발견한 133년 주기의 혜성이며 페르세우스자리 유성우의 모혜성.
2136년 봄	또다시 핼리 혜성 회귀(다음은 2210년 겨울, 72년 주기 예정)
2270년경	테벗 혜성 회귀(1861년 대혜성)
2287년	화성 대접근(2003년 대접근 이후의 대접근)
2344년 7월 26일	개기월식 중에 토성식
4385년경	헤일밥 혜성 회귀(공전 주기 2456년, 1997년의 다음)
약 1만 년 후	보이저 1호, 2호(1977년 발사)가 태양계를 탈출
1만 3천 년 후	직녀성(베가)이 북극성으로(지구의 세차운동, 2만 6천 년 주기)
수만 년 후?	빙하기의 도래? 눈덩이 지구?
지금으로부터 ?년 후	태양에서의 슈퍼플레어 발생
지금으로부터 50만 년 이내?	지름 10킬로미터가 넘는 소천체의 지구 충돌(확률적으로)
지금으로부터 100만 년 이내의 언젠가	베텔게우스(오리온자리의 1등성)의 초신성 폭발
지금으로부터 수백만 년 이내의 언젠가	안타레스(전갈자리의 1등성)의 초신성 폭발
지금으로부터 ?년 후	가까운 곳의 초거성이 극초신성 폭발을 일으켜서 그 감마선 폭발이 지구를 직격?
약 45억 년 후	안드로메다은하가 우리은하와 충돌
약 50억 년 후	태양이 적색 거성화, 금성 궤도까지 부풀어 오르고, 지구의 생명체는 거의 사멸?
수억~수십억 년 후?	빅립, 우주의 종말

끝마치며

나는 지금 적도 바로 밑의 눈부신 태양 아래 말레이반도의 최남단 탄중피아이(Tanjung Piai) 국립공원에서 갈증을 느끼며 그늘을 찾아 헤매고 있다. 이제부터 정오가 지난 무렵에 일어나는 고리 모양의 태양을 보기 위해서다. 이미 나뭇잎 사이로 비치는 햇살이 초승달 모양으로 보인다. 주위에는 색다른 공기가 감돌고 있다.

일식은 낮에 달이 태양의 앞을 지나며 태양의 일부나 전부를 가리는 천문 현상이다. 2012년 5월 21일 일본 각지에서는 금환일식을 볼 수 있었다. 천구 위에서 태양이 지나가는 길(황도)은 달이 지나가는 길(백도)보다 약 5도 어긋나 있다. 그래서 황도와 백도의 교차점 근처에서 초승달이 되지 않으면 초승달 뜨는 날의 낮에 초승달은 전혀 볼 수 없지만 태양의 위나 아래를 지나간다. 그러나 1년에 2~4회 정도 그 교차점 근처에서 초승달이 발생한다. 이때는 우주 공간에서 태양·달·지구가 거의 일직선으로 꼬치에 나란히 펜 모양이 된다. 하지만 교차점에 확실히 올라온다고 할 수 없으므로 해마다 반드시 일식이 일어나는 것은 아니다. 또 보름달일 경우라면 이번에는 태양, 지구, 달 순서로 일렬로 늘어서서 보름달이 지구의 그림자에 들어와 점점 이지러지며 월식이라는 밤의 천문 쇼가 일어난다.

그러나 이 태양, 지구, 달 삼형제의 크기는 각각 다르다. 첫째인 태양은 둘째인 지구의 지름보다 109배나 크다. 셋째인 달은 지구 크기의 4분의 1이다. 크기가 제각각인 삼형제 중 첫째와 셋째의 경우 실제로는 약 400배나 크기 차이가 나는데도 지구에서 그 크기를 관측하면 외관상 거의 똑같아 보인다. 이 무슨 기적인가? 세상이 넓다고는 하지만 그런 우연을 누리는 생물은 별로 없을 것이다.

흥미롭게도 달의 궤도는 완전히 둥글지 않고 타원 궤도를 그린다. 그렇기에 지구에서 평균 39만 킬로미터나 떨어져 있다고 해도 일식이 일어날 때 지구에서 가까운 위치에서 초승달이 되면 자신보다 400배나 큰 태양을 완전히 가려 지구에서 개기일식을 즐길 수 있다. 한편 지구에서 먼 위치(원지점에서의 위치)에서 초승달을 맞이하면 2012년과 같은 금환일식을 연출한다.

다음에 일본에서 볼 수 있는 조건 좋은 금환일식은 2030년 6월

1일 홋카이도로 예측된다. 또한 마찬가지로 개기일식은 2035년 9월 2일 기타간토 지방부터 호쿠리쿠의 넓은 범위에서 볼 수 있다. 물론 날씨가 맑아야겠지만……. 지금과 똑같이 하늘을 올려다 보며 기도할 수밖에 없다.

천변지이의 양대 산맥이라고 할 수 있는 일식과 월식 그리고 그 뒤를 잇는 것은 육안으로도 그 꼬리를 볼 수 있는 대혜성의 출현일 것이다. 역사적 대표 선수 핼리 혜성은 2061년 여름에 태양으로(근일점으로) 돌아온다. 그럼 인류는 2035년 무렵과 2061년 무렵에는 도대체 무슨 일을 하고 있을까?

이번 말레이시아 방문은 2019년 6월 오랜 친구인 반둥공과대학(인도네시아)의 하킴 말라산 박사가 보낸 메일 한 통으로 시작되었다. 동남아시아의 천문학 진흥을 목적으로 이 지역의 나라들에서 고등학교 선생님을 초대하여 교사 연수를 하고 싶으니 강사로 와 달라는 의뢰였다. 2008년부터 일본 국립천문대 보급실에서는 해외 지원 사업으로 조립식 망원경 키트를 준비한 '당신도 갈릴레오!'라는 제목의 천문교육 지원 사업을 진행해 왔다. 2019년에는 국제천문연맹(IAU) 설립 100주년을 축하하기 위해서 구경 5센티미터의 조립식 망원경 키트를 새롭게 개발했으며, 지금은 돌아가신 가이후 노리오(海部宣男) 선생님(국제천문연맹 회장과 일본 국립천문대 명예교수를 지냈다)과 함께 진행한 크라우드

펀딩도 성공했다. 마침 2019년 6월부터 '국립천문대 망원경 키트' 배포를 시작했기 때문에 이 교사 연수회에 참가하여 '당신도 갈릴레오!'교육을 실시하게 되었다.

이렇게 해서 2019년 12월 25~28일 말레이시아 공과대학에서 천문교육 워크숍이 개최되었고 태국·필리핀·라오스·미얀마·싱가포르·인도네시아 또 개최지 말레이시아에서 참가한 각국의 고등학교 선생님들에게 천체망원경 키트를 배포했다.

금환일식 관측은 그 교사 연수 프로그램 중 하나다. 이곳 탄중피아이 국립공원에는 아침부터 우리 그룹 40명 정도를 포함해 말레이시아 각지에서 온 700명 정도가 모여 마치 축제의 장처럼 활기가 넘쳤다. 이번 금환일식 관측의 최적의 장소는 적도에 가까운 인도네시아 수마트라섬의 동쪽 끝이다. 기후 조건만 제외하면 수마트라·말레이시아·싱가포르는 금환일식을 보기에는 최적지라고 할 수 있다.

그러나 이 지역을 일본인 일식 헌터가 한 명도 목표로 하지 않은 원인은 이 지역의 12월 평균 구름 양이 약 90퍼센트로 예측되는 기상 조건 때문이었다. 일본을 비롯한 외국의 수많은 일식 헌터들은 금환일식대 밑에 있는 괌이나 건조한 아랍에미리트, 오만으로 향했다. 실제로 이번 말레이시아에 도착해 지역 사람들에게 물어봐도 "지금은 우기인 탓에 심하게 덥지 않아서 괜찮겠지만

이 시기는 해마다 거의 날이 흐려요"라는 답이 돌아왔다.

하지만 다행히 어제까지 떠 있던 비구름이 오늘 아침에는 거짓말처럼 걷혀서 기상 조건이 좋았다. 그러니 분명 멋진 금환일식을 즐길 수 있을 것이다. 또 동시에 시작하는 인터넷 중계를 통해 수많은 말레이시아 국민들도 즐길 것이다. 말레이시아는 인구 3천만 명이 넘는 이슬람 국가다. 싱가포르를 제외한 말레이반도 남부와 보르네오섬 북쪽이 주요 국토인데 말레이반도에서는 최남단만 금환일식대에 포함되기 때문에 금환식을 관측·전망하는 전망하는 국민은 대부분이 탄중피아이 국립공원에 모였다고 한다.

일식 안경으로 눈을 덮고 이미 머리 위 가까이에 떠오른 태양을 보자 벌써 90퍼센트 이상 태양이 이지러졌다. 그러나 일식 안경을 벗으니 평소 낮의 모습과 거의 다르지 않았다. 태양이 눈이 부실 만큼 밝기 때문에 아무 생각 없이 태양을 바라보면 개기일식을 전혀 느끼지 못할 수도 있다. 그러나 때때로 얇은 구름을 통해 태양이 이지러져 이상한 모양인 것을 육안으로도 관찰할 수 있었다. 얇은 구름이 필터 역할을 한 셈이다.

일식의 절정을 바로 눈앞에 두고 관측장에서는 이상한 공기가 감돌기 시작했다. 분명 하늘이 조금 어두워진 것을 느낄 수 있다. 푸른 하늘이 빛나는 정도나 주변 구름의 색조와 밝기가 평소와는 달라서 뭔가 섬뜩한 분위기가 느껴졌다. 불어오는 바람의 방향이나 온도도 조금 전까지와는 다른 듯했다. 금환일식 직전까지 아무것도 없었던 하늘에 수많은 낯선 새들이 춤추듯 날기 시작했다. 일식에 관한 과학을 몰랐거나 일식 예보가 불가능하던 시대에는 얼마나 무서운 잠 못 드는 천문 현상이었을까? 하지만 정말로 무서운 것은 개기일식이다. 캄캄한 어둠이 갑자기 찾아오니까.

2019년 12월 26일
말레이시아의 탄중피아이에서

말레이시아 금환일식
(필자 촬영)

감수의 글

《무섭지만 재밌어서 밤새 읽는 천문학 이야기》는 독특한 콘셉트
의 천문교양책으로, '공포'를 키워드로 하여 천문학의 전체를 재
미있게 꿰어 놓았다. 작열하는 태양, 폭발하는 초신성, 충돌하는
블랙홀, 칠흑의 우주공간 등 알고 보면 천문에는 공포스럽지 않
은 것이 없다. 하지만 너무 무서워할 것은 없다. 공포도 즐길 수
있는 대상이므로.

우주를 많이 보고 오래 사색한 이라면, 인류가 이 우주에서 얼
마나 아슬아슬하게 생존하고 있는가를 뼈저리게 느낄 것이다. 엄
청난 행운과 수많은 우연의 중첩으로 우리가 지금 살고 있다고
생각한다. 그러나 우주는 우리가 생각하는 이상으로 폭력적인 장
소다.

6,600만 년 전 지름 10킬로미터 소행성 하나가 멕시코 유카탄
반도를 들이받는 바람에 그 기세등등하던 지상의 공룡들을 포함

해 육상동물의 75퍼센트가 멸종의 운명을 피할 수 없었다. 그런 소행성이 5천만 년에 하나꼴로 지구에 충돌할 수 있다는 게 과학자들이 뽑아낸 계산서다.

그뿐인가. 지구와 태양 간 거리의 40배인 해왕성 궤도 부근에서 보이저 1호가 카메라를 돌려 찍은 지구의 모습을 보면, 그야말로 캄캄한 우주공간에 뜬 한 점 티끌 그 이상도 이하도 아님을 알 수 있다. 우주의 입김 한 번이면 날아가 버릴 듯한 그 한 점 안에 80억 인류의 모든 것이 들어 있다.

지구가 끝나면 인류도 끝난다. 저자는 지구가 지금 인류로 인해 위기에 처해 있다고 경고하고 싶어 이 책을 쓴 것인지도 모른다.

천문학은 인격 형성을 돕는 학문이라고 한다. 무섭지만 밤새워 이 책을 읽다 보면 어느덧 별과 우주가 퍽 친숙한 존재로 다가옴을 느낄 수 있을 것이다. 평생을 별과 우주를 보며 살다가 묻힌 어느 별지기의 묘비명이 일러주듯이.

"나는 별을 너무나 사랑한 나머지 이제는 밤을 두려워하지 않게 되었다."

- 공익사단법인 일본천문학회, 《천문학사전》, https://astro-dic.jp/
- 일본 국립천문대, https://www.nao.ac.jp/
- 국립천문대 편집, 《과학연표 2020》, 마루젠출판(国立天文台編, 《理科年表2020》, 丸善出版)
- 아가타 히데히코 지음, 《도설 한 권으로 알 수 있다! 최신 우주론》, 갓켄플러스(縣秀彦, 《図説一冊でわかる!最新宇宙論》, 学研プラス)
- 아가타 히데히코 지음, 《인간은 왜 우주에 매력을 느낄까?》, 게이호비즈니스출판(縣秀彦, 《ヒトはなぜ宇宙に魅かれるのか》, 経法ビジネス出版)
- 사진 1_ 밤하늘을 가리는 인공위성
  https://pxhere.com/ko/photo/1059405?utm_content=shareClip&utm_medium=referral&utm_source=pxhere
- 사진 2_ 게성운 M1
  https://pxhere.com/en/photo/1372135
- 사진 3_ 고리성운 M57
  https://pxhere.com/en/photo/1199864
- 사진 4_ 안드로메다은하 M31
  https://pixabay.com/photos/m31-space-astronomy-astronomical-3613931/
- 사진 5_ 아폴로 11호 우주선에서 촬영한 지구의 모습
  https://www.rawpixel.com/image/1207204/moon-landing-photograph

무섭지만 재밌어서 밤새 읽는

천문학 이야기

1판 1쇄 발행 2022년 10월 12일
1판 3쇄 발행 2023년 10월 5일

지은이 아가타 히데히코
옮긴이 박재영
감수자 이광식

발행인 김기중
주간 신선영
편집 백수연, 민성원, 정진숙
마케팅 김신정, 김보미
경영지원 홍운선
펴낸곳 도서출판 더숲
주소 서울시 마포구 동교로 43-1 (04018)
전화 02-3141-8301
팩스 02-3141-8303
이메일 info@theforestbook.co.kr
페이스북·인스타그램 @theforestbook
출판신고 2009년 3월 30일 제2009-000062호

ISBN 979-11-92444-25-3 (03440)